影响力变现

你不必讨好所有人

徐悦佳◎著

北方文艺出版社

图书在版编目（CIP）数据

影响力变现：你不必讨好所有人 / 徐悦佳著 . --
哈尔滨：北方文艺出版社，2019.6（2020.2 重印）
ISBN 978-7-5317-4564-8

Ⅰ . ①影… Ⅱ . ①徐… Ⅲ . ①成功心理－通俗读物
Ⅳ . ① B848.4-49

中国版本图书馆 CIP 数据核字（2019）第 106580 号

影响力变现：你不必讨好所有人
Yingxiangli Bianxian: Ni Bubi Taohao Suoyouren

作　者 / 徐悦佳

责任编辑 / 富翔强　　　　　　　　　　装帧设计 / WONDERLAND Book design
　　　　　　　　　　　　　　　　　　　　　　　　　仙境 QQ:344581934

出版发行 / 北方文艺出版社　　　　　　邮　编 / 150080
发行电话 /（0451）85951921　85951915　经　销 / 新华书店
地　址 / 哈尔滨市南岗林兴街 3 号　　　网　址 / www.bfwy.com

印　刷 / 天津旭非印刷有限公司　　　　开　本 / 880×1230　1/32
字　数 / 116 千　　　　　　　　　　　印　张 / 7.5
版　次 / 2019 年 6 月第 1 版　　　　　印　次 / 2020 年 2 月第 5 次印刷

书　号 / ISBN 978-7-5317-4564-8　　　定价 / 42.80 元

目 录
Contents

第一章

朋友圈，就是影响力

影响力变现：
你不必讨好所有人

第二章
让自己成为朋友圈“明星”

目录
contents

第三章
快速扩展精准人际关系资源

影响力变现:
你不必讨好所有人

第四章
让人际关系资源充满"黏性"

目录
contents

第五章
不可忽视的"引爆"策略

第六章
变现朋友圈影响力

朋友圈，就是影响力

当你拥有了比别人更高质量的朋友圈时，你会比他人更容易获得成功与财富。换句话说，你的朋友圈就是你的财富，朋友就等于你拥有的财富价值和社交身价。

朋友圈，每个人的自媒体

新媒体时代，人人都是自媒体，人人都是发言人，只要有一部手机，你就能做自媒体。

自媒体时代的发声平台众多，你可以在自媒体平台表达和展现自己的价值观，来吸引喜欢你的粉丝并影响身边的人。下面我会列举几个用户量较大的平台——新浪微博、抖音、今日头条、知乎、微信，来讲讲它们之间的区别。

新浪微博

新浪微博于2009年上线，现在月活跃用户有4亿多。虽然平台已经发展了10个年头，但它依然是国内用户排名前三的智能手机APP（应用），依然是最有传播力的媒体渠道之一。因为其开放性，微博成了国内重要的社交媒体平台，有

影响力变现：
你不必讨好所有人

很多明星、网红、意见领袖、企业都在利用微博生产优质内容，并获得了大范围的传播。微博除了支持长文字，还支持视频、多图片、长图文、链接，等等。

微博与微信的不同之处在于：微博是公开的，而微信中的朋友圈是比较私人的；微博的内容可以随时转发，微信朋友圈的内容则需要下载、复制或截图以后才可以转发；微博的内容，无论是不是好友，你都可以查看、评论，微信的朋友圈，只有好友才能够看到、评论，如果好友设置了部分可见，那么其他好友就看不到；微博可以@好友，而微信不可以。

由于其公开性，微博具有非常大的营销价值，是非常好的品牌传播利器，可以帮助个人或者企业进行品牌传播。

那么，如果我们决定要运营一个新的微博账号，该如何快速获得第一批粉丝呢？

第一，和朋友圈的亲朋好友互粉。

第二，让朋友在朋友圈帮你推荐好友关注。

第三，通过已有的自媒体，比如微信公众号、微信群、微信朋友圈等来导流粉丝，同时还可以通过其他平台，比如直播、问答、短视频等吸粉。

第四，通过微博互推。用同类粉丝的微博进行微博互推，互推的方式跟朋友圈互推、公众号互推是一个模式。

第五，通过送奖品、抽奖等活动来增加粉丝，比如送书、送零食，送与你的目标粉丝定位受众需求一致的奖品。

微博是一个公开的平台，它让更多粉丝搜索你。你可以持续地在微博输出内容，吸引更多的人了解你。当你的微博积累了一定粉丝后，就可以往微信号导流了，通过发微博、私信，还有评论的方式，留下你的个人微信号就可以。

抖音

抖音是新兴的内容渠道和流量入口，利用抖音做内容营销，已经成了当下传统行业转型升级的新宠。

发一条抖音就可以捧红一个普通人或者一个品牌。比如，我的抖音就已经有百万粉丝了，旗下的几个抖音号中，一个50万粉丝的抖音号可以导流2万多好友到微信，并且产生变现和收益。一开始玩抖音的人基本都是95后人群，到目前为止，已经遍布各个年龄阶段了。

抖音与微信的不同之处在于，抖音是公开性的短视频平台，内容以15秒短视频和魔性音乐为主。想要在抖音获得高质量的粉丝，从账号注册时的定位开始，就要精心运营。内容要垂直、优质，画面要清晰。

目前，抖音最火的内容是：

（1）颜值类：美女、帅哥、萌娃、美妆、时尚和穿搭；

（2）兴趣类:汽车、旅行、游戏、科技、动漫、星座、美食、影视、魔术、声音、二次元；

（3）生活类:动物、母婴、育儿、玩具、生活、体育、教育、情感；

（4）技艺类:搞笑、音乐、舞蹈、记忆、文字、画画、职场；

（5）其他的还有：影视明星、励志故事、文学影视，以及办公软件技巧，家居收纳技巧等。

抖音的机制是去中心化的，这种算法让每个人都有机会爆红。

当你的作品被上传以后，平台会做一个审核，然后给你一个初始流量；之后根据你的视频完播率、点赞率、评论率、转发率等去推算，再判断你是否能进入后续的流量池。流量池是什么？举例来说，比如一开始平台会根据你的作品给你推送几百用户，如果效果不错，平台又会给你推送4000用户，如果反响不错，平台会再提升到12000的用户量……以此类推，不断叠加。

当粉丝达到一定数量后，就可以将粉丝引流到微信号了，方法就是在签名的地方留下你的微信号。如果你的某一条视频火了，那么可能会有非常多的人加你的微信。

今日头条

抖音也是今日头条系的，所以今日头条和抖音的算法是一致的，也是去中心化，即把你所做的内容分发、推送给对这个内容感兴趣的人。今日头条系的产品包括：今日头条、抖音、西瓜视频、悟空问答、微头条等，全都可以粉丝互通、同步。

今日头条与微信公众号的不同之处在于，今日头条不需要有粉丝，只要你的内容优质，平台就会把你的内容分发、推送给对这个内容感兴趣的人，帮你涨粉。

同样，如果你想涨粉、获得精准粉丝，你的内容也要垂直。"垂直"的意思就是，如果你想要职场粉丝，你的内容就要专注于职场；想要美妆粉丝，你就要专注于美妆内容；如果你要汽车粉丝，那么你就专注做汽车的内容。

但是，今日头条是不能够在上面留下自己的微信号、不能打广告的，不过你可以在评论区留下微信号，或者有人问你要微信号时，和他私聊。

知乎

知乎是一个拥有高质量用户的问答平台，有很多公众号"大Ｖ"就是从知乎问答开始积累粉丝的，而且知乎在百度的权重特别高。

你可以在知乎回答一些与自己的定位相符的问题，但要注意，写答案时不要灌水，不要写流水账，不要把评论当作答案来发布。如果你的答案没有太大的价值，那么其他用户会点击"没有帮助"，导致答案被折叠起来。你可以通过故事或者有数据支撑的答案来提供有价值的信息。这样，别的用户在看到你的答案时，会觉得你的信息对他非常有帮助，从而关注你。

知乎是一个垂直平台，是意见领袖打造个人品牌的优质

平台。知乎账号"寺主人"原来只是一个普通白领，后来她
在知乎上写化妆护肤的问答，教小白如何化妆。她一周更新
一次内容，经过一年的努力，她知乎的粉丝从0涨到了70万，
成了知乎"大V"。后来，她建立了微信公众号"女神进化论"，
粉丝从0做到了300多万，最后成功变现。

如果你想通过知乎进行引流，也可以在简介或者答案中
留下微信号、个人公众号。

微信

为什么说微信朋友圈是每个人都能用得上的自媒体？因
为微信有10亿用户，我们每天都要花大量时间在微信上。我
有很多微信群，也关注了非常多的微信公众号，我现在每天
接触最多的媒体就是微信。微信也是使用起来最简单、最方
便的媒体，而且微信有"公众号+微信群+朋友圈"的矩阵，
可以满足各种各样的场景和内容形式。

微信有着庞大的用户，可以双向沟通，简单易操作，内
容形式载体多样，可以输出不同类型的内容，比如图片、文字、
链接、小视频，让更多人喜欢上你的朋友圈。相对于其他自

媒体平台，朋友圈的运营难度要小很多，许多用户每天都在使用朋友圈。微信是用户接触最多、打开率最高、链接度最高的自媒体，所以微信好友越多，影响力就越大。

那么，这么多平台，我们该怎么选择呢？我建议大家多平台占位，多方面引流，平台运营越多越好。但这是以精力为前提的，如果你的时间、精力有限，最好选择与自己定位相符的平台，并且以微信为主，其他平台为辅，也就是通过其他平台的运营将粉丝导流到微信。

四大隐形价值

现在，几乎每个人每天都会刷朋友圈，比如看有几条未读消息，给朋友的新动态点个赞，帮公司转发一下广告，晒晒自己又去了哪里旅行，吃了什么样的美食，心情好的时候发发自拍，等等，每天乐此不疲。但是你有没有想过这个10亿人都在用的朋友圈到底如何才能为我所用，发挥巨大的价值呢。

朋友圈除了每天刷一刷，还有什么用途？其实在大多数人眼里，朋友圈就是一个消磨时间的工具，但实际上朋友圈隐藏着四大价值。

媒体价值

现在很多人都有微信朋友圈，人人都是自媒体。你可以通过朋友圈这个自媒体记录个人生活，分享见解、经验和观点。

如果你有1000个粉丝，就相当于拥有了众多海报；如果你有10000个粉丝，就相当于创办了一家杂志社。

同时，微信朋友圈作为一个特别的自媒体，它也有自己的特点：免费化，以前的杂志和报纸都需要花钱购买才能够看，现在只需关注即可；精准化，读者和粉丝通过你的内容，认可你的观点和价值观，就会选择关注你，不像广告投放，因为一句广告语或者因为强制关注而关注你；双向交流、互动化的社交媒体，粉丝可以直接留言评论、给你发私信交流，而传统的媒体是单向交流；传播速度快，一传十传百，分分钟就可以被读者阅读；易操作，图文编辑很轻松，不需要印刷，不需要复杂的操作和练习，属于"傻瓜式"操作；成本低，一个人就可以运作，不需要招聘员工，不需要办公室等成本。

总之，只要你的朋友圈有足够的粉丝或者影响力，你就可以跟其他媒体一样接广告。目前朋友圈的广告报价在几百元到数千元不等。我的朋友圈报价也在这个区间内，但我比较爱惜我的朋友圈，不接受广告投放。

社交价值

马斯洛需求层次理论中讲到，人们的第三个需求是情感和归属的需要，而朋友圈正好满足了大多数人对于友谊、爱情以及隶属关系的需求。

社交分熟人社交和陌生人社交，我们通过微信聊天、视频、语音、群聊、发朋友圈，与熟人、陌生人完成社交过程，增进彼此的感情链接。熟人需要社交维护感情，从陌生人到熟人的过程，更需要朋友圈的社交价值帮助我们建立感情和信任值。

比如，我在一个微信群新认识了一位企业高管，我希望向他学习并有机会与他合作，我就要借助朋友圈的社交价值，比如在微信群内与他交流，加他为好友并关注他的朋友圈动态，经常点赞、评论，进行互动，逐步熟悉以后，就可以和他私聊，增进进一步的了解，甚至约到线下见面，等等。

朋友圈可以加速我们了解彼此，并建立感情的速度，具有非常高的价值。

人际关系资源池价值

朋友圈可以产生源源不断的人际关系资源。你需要的人有不同的类型,有生活线上的人、事业线上的人与高价值的人。而朋友圈是一个人际关系资源池,可以将你的人际关系价值沉淀在朋友圈中,而高质量的人际关系资源可以影响和决定你的视野。如果你的朋友圈里都是晒娃、晒自拍和美食的人,你的圈子也大概差不多。而如果你的朋友圈里都是一群努力、思维格局高的人,你也会潜移默化地受到影响。总之,如果你拥有高质量的朋友圈,相应的你就会拥有高质量的人际关系资源和高质量的商机。

朋友圈的人际关系资源池价值,需要自己刻意经营,因为生活线和事业线的人际关系取决于我们的生活和工作环境,而高质量的人际关系资源则需要自己去关注和精心经营,这样,朋友圈的人际关系资源池的价值才能发挥得淋漓尽致。

刚工作那几年,我每天交往的都是同学和同事,关注和了解的信息面和资讯面非常狭窄,个人的进步也非常慢。后来我开始尝试参加网络和线下活动及社群,认识各行各业的精英,拓宽自己的知识面,我发现不是自己知道得不多,而是自己见识太少。

我把关注的方向集中在创业、投资理财、营销等领域，不断扩展我的事业线人际关系资源。我在朋友圈分享月饼并获利近万元，是因为当时认识了做港货的叔叔；我在短短一周内通过卖羽绒服获利5万元，是因为我在某房产网站上认识了一位做服装批发的大哥，通过他我发现，很多批发商只做冬天的生意，因为冬天服装利润高，几个月就能获得足够的利润。

高质量的人，可以让你获得领先行业的商业资讯和经验，让你少走弯路，更容易成功。我这一路的"爬坡"和收入的提升，是随着我个人思维与格局的提升而提升的，使我积累的人际关系资源的层次越来越高，获得的资讯自然也更有价值。

除了可以带来商业资源和商业资讯外，你的人际关系还会让你认识更多的人。一个有影响力的人愿意帮助你，你就可以间接地得到他的人际关系资源，比自己慢慢积累要更快、更容易。

人际关系资源价值还满足了"马斯洛需求层次理论"中

的尊重需求——人际关系资源能满足人对成就、名声、地位和晋升机会的需求。

渠道价值

一是卖货。当你打开朋友圈，总会看到很多微商在卖衣服、水果、电影票等；也有很多企业、自媒体人在朋友圈卖产品和服务；因为朋友圈的互动性和便利性，还有很多业务员、销售客服将其作为客户管理的工具。

交易中，客户看中了某商品，通过微信转账、发红包就可以完成交易；有售后问题，客户在微信中即可找到客服和销售；商家需要发送优惠消息、进行客户关怀，只需勾选相应人群的标签分类即可发送消息，非常方便和快捷。

我有个朋友是美妆博主，她的微博粉丝在35万左右。她在去年跟我学习朋友圈变现以后，将自己的忠实粉丝沉淀到了朋友圈，大概有3000人。过了两个月，她告诉我说："阿佳，朋友圈的转化率太高了，我的护肤品一个月的销售额做到了100多万！"

我自己也有3个微信，每条朋友圈的成交价值大概在1万元以上，我曾经用一条朋友圈分别卖出200箱苹果和900多份课程，后来，我参加过分销课程的团队赛，并获得了第一名。

二是传播。除了卖货，前面也提到朋友圈信息的传播速度很快，因此它也是消息的传播渠道。企业可以利用朋友圈发布招聘信息、广告、品牌宣传活动、公关消息等。比如，企业的创始人CEO在朋友圈发布动态即可完成公司公关，朋友圈里的媒体会纷纷截图然后转发。

相信大家肯定也有经常帮公司发广告的经历，有的公司还强制要求员工每条公司广告都要转发。如果你不想公司广告打扰到朋友圈里的好友，记得设置朋友圈分组可见哟。我转发广告，一般也会按照广告的内容进行分组可见，这样就不会打扰到那些不感兴趣的好友了。

三是个人品牌塑造的渠道。通过朋友圈打造个人形象，获得个人的美誉度。比如你发的在公司获得优秀员工的消息，每天健身早起等状态，可以让别人觉得你是一个非常有上进心和毅力的人。我有个朋友经常参加一些有"大V"出席或者组织的线下活动，结束以后他会与他们合照，让大家觉得他是一个非常喜欢学习的人，同时与名人合影也间接地提升

了他的个人段位。而他因为朋友圈个人品牌打造得好，获得
出版社的认可并出版了自己的书籍，后来，还多次受邀为很
多企业做培训工作。

我也经常参加我欣赏的"大V"的线下活动和聚会，发
布我在线下做分享的照片等，这些都能提升自己在圈子内的
专业度和个人品牌价值。成功打造个人品牌以后，我也经常
接到出版社邀约出书、广告投放、产品分享邀请、企业培训、
平台合作等等信息。

只要你充分地用好朋友圈，它就能为你产生千万的价值。

重新发现你的朋友圈

很多人应该都听说过"人脉就是钱脉"这句话——当你拥有了比别人更高质量的朋友圈时，你会比他人更容易获得成功与财富。换句话说，你的朋友圈就是你的财富，他们就等于你拥有的财富价值和社交身价。

在这个几乎人人都有微信朋友圈的时代，也许你从来没有考虑过以下3个问题：你的朋友圈有多大？你的朋友圈好友质量有多高？你能调动朋友圈里的多少资源？

如果你从来没想过这几个问题，也许你应该重新审视你的朋友圈，发现和挖掘朋友圈的价值。

那么，我们该如何正确看待自己的朋友圈呢？当然这里的"朋友圈"不仅仅指微信朋友圈，还包括你的人际关系资源、资源、情感经营、社交形象和个人品牌。

影响力变现：
你不必讨好所有人

　　第一，朋友圈多大合适。实际上，朋友圈的大小并没有标准答案，以微信朋友圈为例，你能拥有和控制多少人际关系资源是你的能力。如果你有本事搞定上万人，那说明你对人际关系资源的管理能力非常了得；如果你只有维护好几十个重要人际关系的能力，也是一个很好的策略。

　　第二，如何判断朋友圈好友质量的高低。这个问题看起来似乎无法量化，但是实际上，我们可以通过科学的方法来梳理自己的朋友圈。定期梳理朋友圈好友的方法，有做分类、增加删减、添加描述和星标，等等。梳理的频率可以是一周、一个月、一个季度，按照自己的习惯来即可。那为什么只有对朋友圈的好友进行分类梳理，才能量化朋友圈好友质量有多高呢？

　　我发现，很多人拥有几百甚至上千个微信好友，但这些好友的名字基本上都只是静静地躺在微信通讯录里，并没有被有效管理。就像你有很多资源，却没有对资源进行合理开发或者利用一样。关于朋友圈的管理，我在下面会详细叙述。

　　第三，如何利用朋友圈资源。这个问题与你的朋友圈好友质量有关，举个例子，我在2017年底上线了一个课程，找到不同的微信好友帮忙，比如找文案高手为我修改文案，找设计高手为我设计海报，找知识IP好友发朋友圈宣传，找行业内的15位自媒体大咖为我站台推荐、背书，我几乎调动了朋友圈的所有资源。最终，我的产品在朋友圈刷屏，成了线上课程领域内一个典型营销案例。

所以，一个人的好友数量不是最重要的，你能调动的朋友圈资源，才是你的朋友圈价值。如果一个人的微信朋友圈里有很多好友，但是缺乏有效管理，那么他的朋友圈十有八九会形同虚设，本来可以发挥巨大作用的朋友圈就被白白浪费了。

很多人面对朋友圈都会有以下苦恼：加了好友以后不怎么联系或者说话，结果一翻微信通讯录就忘记了这个人是谁，什么时候在哪里添加的；突然想找某个人的时候，却怎么也想不起昵称，找了半天也找不到；有时候发个朋友圈，想屏蔽某一类别的人或者群体，却在勾选的时候累个半死；想要群发消息，却因为没有分类而全员发送，导致得罪很多人；微信提示好友达到上限，需要删除好友时不知道到底应该删谁……这都是因为你压根儿就不知道这些昵称背后是谁、做什么的。

因此，我们在添加好友的时候，可以采取以下两种简单的方法：

第一，把好友进行标签分类。添加好友描述，标明与他认识的时间地点、他的性格、特点、资源等等，同时备注姓名、行业、地区。如果这位好友很重要，还可以用星标体现出来。

第二，利用人脉金字塔模型来深入梳理微信好友，以便你检查自己的人际关系资源。人际关系资源金字塔共5层，从最底层到顶层依次是可关注/了解的人、可认识/交流的人、可初步合作的人、可深入合作的人、可深交的人。从字面上不难理解，它代表了人与人之间关系的循序渐进与交往层次。每个人的朋友圈都应该分层级层次，分强弱关系，不同层级和关系强弱的人能给你的帮助，能和你交换的资源、信息、价值的机会也是不一样的。

另外，在梳理朋友圈时，我们可以将朋友圈分为两个部分：生活和事业。生活线的朋友圈好友可以分为同学、好友、亲人、老师，等等；事业线的好友可以分为投资方、学习对象/榜样、成功人士、"人际关系资源王"、资源拥有者、职场上的同事、商业上的合作伙伴、专业顾问，等等。

经过梳理后你会发现，原来普通的朋友圈居然也能分出如此多的类型，而且这些分类背后蕴含着千万的价值。

第一类，学习对象／榜样，可以提升你的认知水平。

我20多岁在腾讯工作的时候发现，公司的员工不是各种名校毕业的优秀人才，就是国际大公司出来的精英。作为职场新人，我非常自卑，也不知道自己应该做什么。当时，我将公司里的优秀员工和领导作为自己的学习对象，我研究他们的职业背景、学历背景，他们平时在朋友圈里喜欢关注什么、看什么文章，对同一件事的观点和其他人有什么不同。久而久之，年纪小、格局有限的我慢慢地也提高了自己的认知水平。比如，微信刚诞生，很多人只是觉得多了一个聊天软件，但具有高度认知的人看到了商机，看到了新媒体的趋势。不同层次的人，看待事情和对事物的认知是完全不同的，那批早早看到微信价值的人早已经是粉丝千万、估值上亿的媒体大号了。

第二类，成功人士，可以给你提供经验，让你少走弯路。

成功人士都有自己的圈子，其中都是各行各业层次差不多或者比他们更厉害的人。成功人士的厉害之处在于，他们获取新信息的速度比普通人快，他们的思维也比较开阔。在这个快鱼吃慢鱼的时代，抢先获得信息、抢先做出反应，就能独占先机。所以，关注某个领域的成功人士，你总能获得一些前沿的资讯和做法，有时候你会因为他在朋友圈中说的一句话而打开新世界的大门。

比如说Ａ有个微信好友Ｂ在互联网领域做得非常成功，Ａ把Ｂ作为自己的榜样，经常查看他的朋友圈，不定期接收一些新的信息和新思维。有一次Ｂ发了一个朋友圈，说自己去北京出差，花费几百元约了一个行家学习，结果这条信息就打开了Ａ通向新世界的大门，他注册成了这个平台的行家，最终成为该平台的著名行家，并由此从年入20万的上班族，摇身一变，成为年入300万的自由职业者。所以，成功人士给你带来的新信息、新思维，其价值是不可估量的。你的朋友圈有没有几个这样的成功人士呢？

第三类，"人际关系资源王"。

"人际关系资源王"指的是认识的人非常多的人，比如喜欢带头组织活动的人，比如万人拥戴的领袖。这些人的职业属性就要求其必须拥有大量人际关系资源，比如以记者为主的媒体人和猎头，他们拥有的人际关系资源可以"亮瞎"你的眼睛。

我的朋友贺嘉组织了多年的TED（技术、娱乐、设计大会）演讲，最大的一次演讲活动有1000人参加，演讲嘉宾不乏明星、电视台台长、企业家，等等。我身边的几个记者朋友，他们每个人所掌握的人际关系资源也都不乏各界名流，既有企业家、明星，也有国内外知名人士、作家，等等。有一次和记者甲聊天，她说她是知名媒体人黎贝卡的前任上司；记者乙则采访过多位知名艺人、作者、商人、企业家等，拥有超过500页的优质数据库。

除了记者朋友，以"贩卖"人才为生的猎头因为职业关系，也拥有惊人的人际关系资源数据库。比如我的前同事Eric（埃里克）原来就是腾讯的人力资源总监，他创办了腾讯离职员工组织，拥有数万的腾讯员工资源。另外，阿里巴巴、百度、平安等企业高管也都在此组织中。如果你和这些"人际关系资源王"做了朋友，就可以拥有强大的人际关系资源。

第四类，资源拥有者。

我将资源拥有者分为三大类：资金、权力和渠道。不同

的资源拥有者可以为自己提供不同的资源便利。比如之前有
个朋友小蔡要买房，由于首付不够，他打开朋友圈向一个平
时很好的同学借钱，但是同学说自己也很穷，没有钱借给他。
后来小蔡偶然发现这个朋友在拒绝他之后不久，就买了新车
炫富，而这条朋友圈唯独屏蔽了他。如果小蔡平时注意及时
梳理、分类微信好友，也注意积累几个有资金资源的人，或
者懂得梳理手头有资金资源的人，那么这次他也不至于这么
被动。

人总是不知道什么时候需要什么样的资源，及时储备总
比临时抱佛脚来得好。如果房价像前两年一样涨幅很大的话，
这可是要吃大亏了。除了资金资源，权力资源、渠道资源等
也是应该储备和梳理的，比如之前有朋友想签约今日头条，
试了很多次都没有成功，后来他知道我是签约作者，通过我
的介绍很快就顺利签约了。

其实，这样的资源对于资源方来说基本都是小菜一碟，
但是如果你没有拥有这些资源，就只能错失机会了。

第五类，职场上的同事。

老板、领导、同事和下属，是大家都非常熟悉，但很容

易忽略的资源。在整个职业生涯中，我们少不了跳槽、换工作，和不同的人共事，这些同事能为你的新工作带来很多便利，比如之前有个同事先去了京东，后来好几个同事也通过他的内推进入了京东。有一位刚毕业没多久的小妹妹，通过我在腾讯认识的人获得了面试机会，进入了腾讯，瞬间从年薪不到10万元变成了将近30万元。

除了通过同事来获得工作机会外，他们自身不同的价值，在你需要的时候也会助你一臂之力。

第六类，商业合作伙伴。

如果你把合作伙伴的关系维护得当，会给你带来更多的客户和合作伙伴，让你获得更好的业绩，使你的工作进展更顺利。比如我有个朋友是卖房子的，他把自己和一个客户的关系维护得非常好，平时经常在朋友圈给客户点赞、评论，后来这个客户前前后后给他介绍了十几个人买房。在工作中，当你要负责一个活动的策划，如果你有供应商资源，你就可以迅速获得几个方案来做对比，除了能提高工作效率，还能对比价格，省出很多费用。这类朋友圈人际关系也是可以迁移的，并且可以为你带来许多财富。

第七类，专业顾问。

我认为每个人都至少应该有一个法律顾问、理财顾问和医生朋友。我曾经被一个创业失败的公司欠薪3个月，我当时没有法律顾问朋友，也不懂得维护自己的权益，只想着赶紧找到新公司，以免被拖欠更多薪资。而另一个同事则在法律顾问朋友的建议下，到劳动委员会请求劳动仲裁，最终获得了"N+1"的劳动赔偿。另外，医生等专业顾问朋友也是需要储备的。生孩子、生病做个小手术之类的可以咨询意见，少走很多弯路。工作几年后大部分人都想学习理财，盲目投资也容易损失惨重，这时有个懂理财的朋友或者顾问就显得特别重要了。

2015年股票大涨的时候，我想快速赚钱，第一次接触股票、什么不懂的我将几十万赔个精光。而如果当时有懂理财的朋友告诉我，不能将鸡蛋放在一个篮子里，要懂得分散风险的话，我应该会将一部分钱作为灵活资金，购买可以随时赎回的货币基金，一部分购买定投基金，买一部分保险，而不是将所有的钱都放在高风险的股票上，也不至于把所有积蓄都赔光了。

对朋友圈进行检查、分类和梳理，能够及时发现朋友圈的质量问题。比如说，如果事业线方面的客户好友、成功人士、学习榜样在一定的时间内没有更新，你就要提醒自己关注和参加一些行业活动、交流会活动等。再比如，生活线的好友数量两三个月没有增减，这并不能说明你的朋友关系稳定，相反你应该思考是不是应该去结识新朋友了。

将关系分层级、强弱以后，我们要注意维护和定时升级，只有不断增加和升级弱关系，才能保障你的朋友圈人数多、质量高、资源能随时被调动，此时你的朋友圈才能价值千万。

朋友圈就是你的财富和身价，希望我的方法能够帮助你构建一个价值千万的朋友圈。从现在开始梳理你的朋友圈，将他们分类分层级进行维护和经营，未来你将会有意想不到的收获！

给你的朋友圈一个人设

经常有朋友圈好友问我："阿佳，作为两个孩子的妈妈，你怎么还有那么多时间去学习、去开课，并且家庭经营得也很好，你是怎么做到的呢？"

这些人对我的印象，其实都是他们通过我的朋友圈和与我的聊天中感受到的。他们觉得我充满正能量，努力上进，事业和家庭都兼顾得很好，是人生赢家。

如果你也想要像我一样塑造一个大家都喜欢的朋友圈形象，最重要的是你要让别人透过你的朋友圈感受到你的"人生"，包括你的性格、特点、职业、兴趣、家庭、经历，等等。

很多人的朋友圈没有任何特色，就像一个机器人，要么全是链接，要么全是广告，让看到你朋友圈的人觉得索然无味，这样是无法让别人对你产生好奇的。

　　一个好的朋友圈形象都是让人"中毒"的。朋友圈形象怎么让人"中毒"呢？别人看到你的头像和签名之后想继续了解你，看了你一条朋友圈动态就想看下一条。他会对你的朋友圈产生极大的好奇，他会好奇你的生活、你的经历、你的性格、你的故事，会经常刷你的朋友圈，越刷越喜欢你、认可你、崇拜你、对你越好奇。在做一个让人"中毒"的朋友圈之前，你要思考以下几个问题：

　　你是一个怎样的人？你有哪些性格特点？你想呈现给别人什么样的形象？你能够吸引哪些同频的人？为什么他们会喜欢你？如何让他们喜欢你？

　　比如我，我的背景是两个孩子的妈妈，曾经任职于腾讯、排名前十的公募基金公司、大型集团公司；我的性格是努力上进、行动力强、爱学习。所以，我给别人留下的是励志妈妈的印象。

　　我能够吸引那些同样想通过互联网打造个人品牌、想通过朋友圈做副业的宝妈，她们喜欢我，是因为我有成功的经验和案例，我非常亲切、励志，我能够带她们一起成长，成为她们的榜样。

要想让她们喜欢我，我就得持续和她们分享我的经验和干货，输出能够表达我的价值观的文章和课程，带领她们一起改变。

一个好的朋友圈就是一个鲜明的人设。人设就是人物设定，比如明星都有人设，某某明星身材特别好，特别会保养；某某明星是一个好丈夫形象；某某明星是一个谐星的形象；某某明星是一个青春玉女的形象。

人设还有很多种，比如少女、好妈妈、好丈夫、"天山童姥"、美妆达人，等等，人设要跟你真实情况一致，也就是我们要表里如一。

那我们普通人的人设可以通过哪几个方面变现呢？

人设可以分为事业人设和生活人设两种。事业人设就是你在事业或者职业中的人物设定、人物形象。而生活人设就是，你在生活中的特点、生活中的形象，你的独特个性。你的性格、观点、故事、价值观等都能体现出你的人设。

我好几个朋友的朋友圈都有着鲜明的人设：

Angie（安琪）是一个非常努力上进的妈妈，她每天4点起床，工作效率很高。她不仅把时间管理得很好，孩子教育得很好，还特别会赚钱。她实现了从月薪2000元的客服，到年薪几十万的互联网高管，再到年薪几百万的斜杠青年的华丽转变，这一过程充满了正能量。

薇安是一个世界500强企业的美女总裁，她雷厉风行，能力超强。不仅如此，她还口才好、文笔好、会保养、爱健身……还写出过百万阅读量的爆款文章。

雨滴是一个儿科医生，拥有专业的儿科知识，而且她为人也很热情、友好、爱帮助别人，她声音温柔、性格儒雅。

我还有一个朋友叫猫宁，失恋以后，她每天都宅在家里大吃大喝，很快就从一个90多斤的会展美女主持人变成了150多斤的大胖子。后来她决定减肥，每天在抖音上面打卡到健身房运动，发自己运动的视频。她每次运动一两个小时，两个多月瘦了25斤。伴随着减肥视频的持续发布，她不仅越来越瘦，而且成了很多"胖宝宝"的精神支柱。她的人设就是非常励志的减肥达人。她在朋友圈发的都是瘦身餐、减肥运动的视频和照片，她开朗爱笑，有毅力，这也吸引了50多万的粉丝关注她。人们之所以关注她，是想看看她是否真的能瘦下来，有的人则将她当作减肥精神领袖，鼓励自己坚持，有1万多粉丝加她的微信，希望更加深入地了解她、认识她。

朋友圈作为一张社交名片，它的形象和人设需要通过你过去或者现在正在做的事情去反映。我们通过输出内容，让别人更加了解我们。但是有很多人以为只有写文章才是输出，其实，发朋友圈告诉别人你在做运动；写一段话，和朋友圈的人互动；甚至录一段视频、发一张图片，转发一个链接都是你的输出。在朋友圈，我们无时无刻不在输出，在和别人传达我们是怎样的一个人。就跟明星一样，他们拍的电影、他们的歌曲、他们的言行举止、他们的家庭形象、银幕形象、他们的采访、真人秀节目都是他们的输出，都代表了他们的人设形象。

需要注意的是，我们的朋友圈形象要与我们的言行一致。比如你在朋友圈里面是一个孝顺父母、懂得教育小孩的睿智女性形象，那么你在生活中也要一样。

如果你想要打造属于自己的朋友圈形象，就要学会输出。在输出之前你要去学习，一般来说，要输出一份内容，得输入超过十份的内容，才能将其融会贯通，转化为自己的东西，这个过程叫作内化。

比如我的朋友刘洹是香港大学的博士生。他身高183厘米，但身体却非常瘦弱，只有60千克，为了有所改变，他就去健身了。现在的他身材健美，人也更加帅气了。后来，他通过在知乎上回答别人的问题，让更多的人认识了他，为自己打造了一个励志的健身达人人设。

通过这个人设，他吸引了很多想要健身的人关注他，并参加了他的健身课程训练营。他的朋友圈基本上都是他健身的日常照片和健身的讲解视频，大家每天都可以看到励志的他。

我还有一个朋友叫剽悍一只猫，人称猫叔。他原来是一个三四线城市的普通英语老师，后来通过输出学习笔记，成了简书的作者。他那时候有一个标签：一年采访100个牛人。他通过输出牛人故事的文章，让越来越多人知道他、认可他，他的文章传达了他虚心向牛人学习的形象。他将原有的10万积蓄基本上都花在了买书和向牛人学习上，比如他从家乡飞到上海和北京去向牛人学习。牛人的经验帮助他少走了很多弯路，让他快速地成了一个成功的自媒体人，如今他是百万粉丝"大V"，创立了行动营、读书营等代表他鲜明人格形象的训练营，有很多喜欢他、认可他的粉丝追随着他。

综上，我们要想塑造自己的朋友圈形象，第一是要有清晰的人设定位；第二要学习，不断地提升自己，让自己有更多的内容可以输出；第三是要将学习的内容融会贯通，然后输出，传达给别人。

你有没有给自己的朋友圈一个人设呢？如果没有，你应该输出什么样的内容呢？是时候思考一下了！

建立自己的影响力

有很多朋友问我："阿佳，你是怎么做到在短短的时间内影响力就那么大，粉丝黏性就这么高的呢？"

还有人经常问我："为什么我在群里卖东西大家都不理我呢？买我东西的好友怎么才能增加呢？"如果你这样想，那么你的思维就是错的。换位思考一下，你跟别人买东西的过程是怎样的？

买东西的行为分为主动搜索和被动接受两种。比如我想买衣服，如果是主动搜索，我会去淘宝、天猫、唯品会比较一下，看哪个商家的评论和销量是最优的，因为我不认识商家，所以我需要从别人的评论和实际销量中获得更多的信息，以说服自己信任这个商家。

而如果我信任一个人，那么我就会觉得他推荐的东西一定是不错的。比如我非常喜欢某个健身达人，如果他说某个瑜伽垫特别好，那么我就会去购买，不会去货比三家。

而我为什么会相信他呢？因为我通过他的博客、视频、朋友圈感受到了他的健康自律，看到了他的改变，在他身上看到了奇迹，我相信他能改变，我也就能改变，我也希望变得跟他一样。我们从小就被教育应该追随成功者，而他就是健身减肥领域的成功者，所以他说的话我们就会相信，他就是健身领域的意见领袖，这就是影响力。

那么，我们应该如何在朋友圈树立自己的影响力呢？

第一，要有案例和正确的思维。我们可以通过自己改变的过程，或者自己成功的经历去影响更多的人。比如一个粉丝想减肥，她想的是：我想要减肥，他能帮我什么呢？他能提供什么价值给我呢？他真的能够帮我减肥吗？我会不会跟他一样成功？

人们不会轻易相信一个陌生人，肯定要经过分析、判断和考察。就像一个人淘宝购物一样，不可能随便相信一个卖家，除非他的店铺很大，信用很高，或者他开的虽然是个小淘宝店，但销量和评价非常好，让人觉得非常真实。

但一个人是没有这些评价标准的，所以我们要通过朋友圈来展现自己，而粉丝会通过查看我们的朋友圈来了解我们的日常生活、经历、成绩、变化、价值观等，来确定我们够不够真实，是不是他可以相信的人。

而你应该是这样想的：我有什么？我可以为粉丝提供什么帮助？我怎样才能够让他们信任我？我真的有能力帮助她减肥吗？我有成功案例吗？我做到了吗？她能看到我成功减肥的过程了吗？我的经验和成绩能够鼓励他们吗？他们想成为我吗？

如果你的思考过程不是这样的，那么你的想法和思维就是不对的，你就很难得到人心，并扩大自己的影响力。

第二，做一个利他的人。你可以通过朋友圈为他人赋能。赋能是什么意思呢？就是给别人助力，加一把力。

有一句话是这样说的：成就别人等于成就自己。不管你的影响力大小，帮助别人就是在帮别人赋能，别人就会感激你，他们也因此欠你一个人情。比如，一个能量大的人帮你转发了朋友圈，带来了很大的影响力；比如你为群友提供了资讯和学习笔记等，这些都是利他的。

影响力变现：
你不必讨好所有人

当你粉丝不够多、影响力不大时，你可以先持续学习，找到榜样。为没有能量的人提供自己的价值，在有能量的人面前展现自己的价值，并且尽快做出自己的成绩。你可以从0到1，从1到2，再从2再到5逐步成长进步，增强自己的影响力。

当你有能量时，就可以帮助有潜力的人成长，助他成功。

比如我有个朋友叫咖喱哥，他是一个有10年经验的销售员。他以前从来没有接触过互联网，后来通过自己的努力做出了一些成绩。他想往讲师的方向去发展，我有平台的渠道和经验，我可以帮他对接、介绍资源，并给出指导和意见，这就是赋能。而且他强大了，肯定也不会忘了我，这就叫作"成就别人相当于成就自己"。

第三，除了多分享，你也要建立自己的核心粉丝群。

你要思考的第一个问题是你能帮助什么人，你会做什么，你在什么方面做出过成绩，你在什么领域有经验，等等，这些都是你的优势。只要你愿意帮助别人，一定会有人愿意向你学习，愿意支持你，愿意和你一起成长。

建立粉丝核心群，作为群主，你要想好你的群主题。如果你是一个健身达人，你要初步建立自己的影响力，可以先建一个免费的打卡群，指导和监督有减肥需求的人一起打卡，一起自律；如果在某一个时间段，你下定决心每个月要读10本书，你可以建立读书打卡群；如果你在时间管理方面做得非常好，或者你正在学习这一方面的内容，你也可以建立一个时间管理打卡群，找对时间管理有兴趣、有需求的人入群……在一段时间后，如果你能做出很好的成绩，就可以成为群里的核心人物了，并对其他人产生影响。

当然，这里要避免的一个坑是，因为建立社群没有收益，所以建议时间不要太长，可以以一个月为周期。时间太长的话，你没有持续的动力，你的群友也不会有耐心和约束，因为他们没有付出任何金钱，所以随时会退出。

你可以根据自己的职业需求，或自己的兴趣爱好来建立相应的微信群。比如打卡群、交流群、同好群等，可以是免费群，也可以按周期收取一定费用。收费的群是要筛选粉丝，免费的群主要是打造自己的影响力，让更多人知道你、了解你。

交流群，如果你是负责商务合作的，可以建立商务合作群、行业交流群、资源互换群；如果你参加了某个学习班，可以建立学习交流群。同好群，就相当于你们有共同的兴趣爱好，比如说健身、减肥、读书、美妆。

想要在社群里面建立自己的影响力，就要自己主动成为群主，号召大家加入你的群。通过聚集群友，让自己成为群里的意见领袖，扩大自己的影响力。比如我最早建立的是免费的学习交流群，后来慢慢做低价打卡群、朋友圈营销课程交流群、中等价位的个人品牌训练营，最后到高价的半年社群。

这些群其实在帮助别人的同时，也逐步扩大了自己的影响力，让自己成了朋友圈的影响力超人。比如一个微信群最多可以有500人，如果你有100个微信群，那么你就成了5万人的影响力中心。如果50%的人愿意帮你发朋友圈，他们每个人的朋友圈也有几百人，那么你的影响力就是几十万人，是不是很惊人呢？

快去试着建立自己的第一个微信群吧！

第二章
DIERZHANG

让自己成为朋友圈"明星"

朋友圈是一个社交媒体，朋友圈营销实际上是社交营销、社交电商，只有经营好了人，你才能有源源不断的生意。

用故事 "包装" 自己

很多人都喜欢听故事，但他们不知道怎么讲自己的故事，也觉得自己没有故事可讲。其实，讲故事就跟自我介绍一样，只需要将自己的故事包装得可以打动别人即可。故事可以塑造你的鲜活形象，让他人更多地了解你。

你要想学会讲故事，要注意4个要素：第一，我是谁；第二，我的经历；第三，相信我；第四，我授人以渔的故事。以我为例，"我是谁"：我是徐悦佳，精锐咨询CEO，曾任职于腾讯、排名前十的公募基金等知名企业；"我的经历"：我16岁退学，但是23岁进入了互联网巨头公司腾讯工作，同时还通过微信朋友圈做起副业；"相信我"：我有多年营销经验，有很多成功的营销案例，比如某个中秋节卖月饼两天赚了1万，24岁用信用卡买了2套房，卖了8天羽绒服赚了5万；"我授人以渔的故事"：我的课程有100万人次学习，有数万学员改变了自己，有人用3个月时间实现了从职场新人到收入20万，入职百万大号企业的转变等。

你有没有发现，我的故事吸引了你的注意力，并且激发了你的购买欲，这就是故事营销的特点：

故事天生具有吸引受众注意的独特能力。

故事比事实更真实，讲故事是获得他人信任的捷径，它可以激发你的受众得出和你一样的结论，进而让受众相信你的话，做你希望他们做的事情。那些你希望影响到的人，一开始都有两个问题：第一个，你是谁？第二个，我为什么要相信你？

这时你就需要通过故事来证明你就是他们能够信任的人，他们才会相信你。当然，在不同的场合，你需要不同的故事。如果你希望他们相信你是一个信用卡"卡神"，那么你就要讲你玩信用卡的故事；如果你希望别人相信你是一个情商高的人，希望他跟你学习如何提高情商，那么你就要讲一个你通过高情商完成某件事或者达成某个目的的故事。

不管是什么样的故事，只要能立马让受众产生共鸣，能让别人了解你是怎样的一个人,与你建立某种关系即可。比如,你想让别人觉得你是一个演讲高手,那么你应该向受众讲述通过演讲获得成功的事情,比如你怎么通过一年的努力,在没有人帮助、没有钱、没有资源的情况下,通过两个小时的演讲获得了200万天使投资的故事。

当你的故事打动别人时,你就会收获一个大礼物,这个礼物就是别人的关注。

第二,通过故事促进销售。好的故事能够自然而然地产生销售转化。比如2017年卖丑苹果的商家讲述了一个助农故事,导致丑苹果销量火爆,转化率超高,销量达到了10万箱。这个例子就包含了讲故事需要的4个要素:

我是谁:我是助农的人。

我的经历:因为大雪,很多农民的苹果卖不出去,这个丑苹果是糖心苹果,非常好吃。

相信我:我实地到了农民的家里,看到了农民老爷爷布满老茧的手,还有小孩子冻僵的手和红扑扑的脸,他们把丑苹果切开展示中间的糖心,让你感受到他们的真诚。

我"授人以渔"的故事:活动策划方还把很多人对丑苹

果赞美的评论和聊天截图，放在了故事里，让大家相信苹果真的很好吃，东西不贵，还可以帮助农民。

如果你不卖产品，要打造个人品牌，那故事要怎么讲呢？除了前面讲到的4个要素，还要注意故事的跌宕起伏，这样才能吸引别人的目光。故事要戏剧化，有低谷有高潮，中间什么事情导致你决心改变，你做了一件什么事。高潮，这件事情结果怎样？或者如果还没有结果，你就讲未来一定要做成什么结果。

如果你实在想不出有什么故事可以讲，该如何创造故事，如何找到故事的素材呢？每个人从小到大都会经历很多大大小小的事情，如果实在记不住，你可以问同事、同学、朋友、亲戚、爸爸妈妈，问他们你的什么事情让他们印象最深刻，这些就可以作为你的故事素材。

另外，你还可以查找企业创始人的故事，比如，腾讯的马化腾、京东的刘强东、阿里巴巴的马云、摩拜单车的胡玮炜等，将他们作为参考，基本上模式都是低潮—高潮、低潮—高潮。

比如这两年有一个非常火的互联网卫生巾品牌——"轻

生活"卫生巾。创始人做卫生巾的故事是这样的：在一次偶然的聊天中，"轻生活"的创始人天成得知，女友用国内的所有卫生巾都会过敏，每次都要托朋友从日本代购。他说："听女友吐槽完我才知道，原来女生最贴身的卫生巾一直被人们忽视了。如果我能亲自为她做一款最完美、最好用的卫生巾，这是不是一份不错的礼物呢？"

这个故事塑造了创始人的暖男形象，让人觉得这个品牌的卫生巾是有温度的。2016年，"轻生活"卫生巾在公众号"书单"上面投放的这个故事，阅读量达到了10万＋，而"书单"当时的公众号平均阅读量不超过5万，通过这篇文章，"轻生活"卫生巾卖了3997包，赚了31.18万。而且，通过这个故事，轻生活品牌与顾客之间形成了高度的信任关系。

最后再讲一个故事：极柚——上市企业白领回乡创业的故事。故事的主人公是一个上市公司的白领，她放弃了上市公司的工作，和老公回农村去种柚子，他们经历的诸多艰辛打动了读者，比如学习怎么种柚子，怎么设计了一个自己品牌的剥柚器。同时在故事结尾告诉大家，每个尝过柚子的人都说很好吃，看完故事的人都被这份执着打动了。作者营造了一个感人的故事，激发了大家的购买欲望。

讲到这里，如果你还是没有什么头绪，那就回答我几个问题吧：你有过非常挫败的事情吗？你的梦想是什么？你最想做的事情是什么？你有没有引以为傲的事情？你曾经做过的最成功的事情是什么？在过程中经历了什么？你有没有曾经为某件事情非常努力过？努力的过程中遇到了什么事情，但是你没有放弃，坚持了下来？

如何让自己成为社群明星

经常有人问我:"阿佳老师,为什么我加了那么多群,群里的人却不加我呢?群里面那么多人,怎样才能让别人记住我呢?"相信很多人都有这个疑问,我们确实会加很多群,但大部分都是没用的群,比如一些免费的群质量可能就不会很高;有人虽然加入了一些高质量的付费群,但是大部分人要么在潜水,要么在闲聊,要么一上来就发广告。试问,这样的群怎么可能会有人主动加你呢?

那么,我们该如何让别人对你印象深刻,并主动添加你为好友,成为群里的焦点呢?

成为群里焦点的方法主要有两种:第一种"混"群,成为社群明星;第二种让自己成为群主。

四步让你成为社群明星

第一步：寻找高质量的微信群。

俗话说，物以类聚，人以群分。如果我们想要加到优秀的人，一定先要找到高质量的微信群。简单地说，想找到高质量的微信群，可以通过一些付费社群来实现，比如线上的付费课、线下的活动、线下的培训班，等等。

第二步：借助群主扩大影响力。

当你找到高质量的微信群后，由于你初来乍到，没有任何影响力，这时候你就要学会借助群主的影响力。想要借助群主的影响力，首先要搞清楚群主为什么要建立微信群，他的需求是什么？是为了扩大自己的影响力，还是为了帮助大家链接？是纯粹为了分享自己的经验，还是为了卖货？他有没有团队帮助管理？他需要什么样的人？

如果他只是纯粹地分享自己的经验，那么就再简单不过了，你可以申请协助他一起来管理社群；如果他是为了扩大自己的影响力，那么你就可以帮助他在群里构建权威；如果他是为了卖货，那么你肯定就不能轻易地在群里面发广告，他会想：你凭什么在我的"池塘"里发广告呢？

只有搞清楚群主的需求和目的，我们才能更好地借助群主的影响力。在这种情况下，最安全、最有效的方法就是申请成为群主的助手。这样，你既能在官方的允许下管理社群，又能够借助群主的影响力，光明正大地扩大自己的影响力。

当然，如果你的私心太明显，也很容易被群主发现，所以在成为群主的助手之前要先赞美群主，给群主发红包。并且先主动为群主做事情，再求回报。

第三步：与群主合作共赢。

如果你已经有了一定的能力或者流量，那么你可以选择与群主合作。你可以策划一个双方共赢的方案，比如他有流量，你懂营销；比如他会演讲，你认识的人多，懂得如何策划活动；比如他有成熟的产品，你有成熟的营销团队……这些都是可以优势互补、合作共赢的。

第四步：通过"混"群技巧成为社群明星。

想要实现这一目标，你一定要做一件很重要的事，即多刷脸。如何多刷脸呢？主要有4个方式：利他刷脸、赞美刷脸、红包刷脸、分享刷脸。

利他这个词，是我反复提及的。我认为，无论是在微信社交时代，还是在现实中与别人交往的时候，利他都是非常管用的。多赞美他人，除了会让他人心情愉悦，也会让其对你产生好感。红包刷脸，也是让别人对你产生好感的方式之一。最圈粉的方式就是分享刷脸，将你的成功经验、学习心得、实践心得、生活经验、特长等分享给他人，会极大地增强你的影响力。

让自己成为群主

如果你想成为群主，首先要想清楚自己建群的目的。你是想要聚集一群志同道合的人，还是为了做一个付费的学习群？是为了组织一个活动，还是为了扩大自己的影响力？社群目的不同，你要建的群类型也要不一样。

如果你确定要自己成为群主，该如何建群呢？

第一步：你要有一个目标。群是付费还是免费的？付费的话价格是多少？你希望招募多少群成员？群成员的数量要按照你目前的好友基数和影响力来定，50人、100人、200人、500人都是可以的。

第二步：规划建群的整体策划思路，你可以先问自己几个问题。

1.你有什么特长可以帮助什么样的人？比如健身、化妆、穿搭、画画、理财、育儿、玉石鉴别、活动组织，等等。

2.确认好主题以后，就要确定群的名字。比如我的社群叫"副业赚钱研习社"，群的主题是打造个人品牌，实现副业收入。

3.群对象。比如我的群对象是所有想打造个人品牌、想拥有副业收入、学习如何做课程、学习如何玩转新媒体的职场人士、微商、全职妈妈，等等。

4.群是干什么的。比如我的群是一起学习打造个人品牌、学习新媒体、打磨课程的。

5.群的玩法是什么。比如激活微信好友，筛选优秀的人和愿意跟着我的人，借助这一批人来影响他们身边的人。

第三步：规划好群的定位以后，要策划进群的步骤。通过什么活动让人进群，告诉他们进去以后能够得到什么，话术是什么，海报怎么设计，怎么宣传，通过哪些渠道宣传，等等。

比如我找到了薇安老师一起合作，通过送学习资料和公开课，来吸引朋友圈和微信群的好友进预备群，并且公布进驻微信群的规则、招募对象、招募人数、学习内容、价格、周期、预期收获、答疑等。

第四步：社群运营。有想参与的准成员，可以通过申请和付费的方式加入微信群。对成功录取的学员发放录取通知书，学员将录取通知书转发到朋友圈。在开营前，社群要定一个开营日期，组织群成员自我介绍。招募运营官协助运营，邀请优秀或者有能力的学员、大咖进行分享，组织每日一问、每周一晒、梦想诊断、微课分享、磨课"群殴"等活动，持续输出有价值的内容。

综上，要想成为社群的一抹彩虹，我们可以通过"混"群成为社群的明星。借助群主的中心影响力，成为助理或者与群主合作，也可以多刷脸。除了"混"群，你还可以自己成为群主，定好建群的目标、群名称、群对象、人数、价格，规划群是干什么的、群的玩法和运营，设计好群活动的话术等。

一个好的社群定位，可以帮助你更好地成为社群的一抹彩虹，快试着建立一个自己的社群吧。

情商高，人际关系资源的秘密

在京东、当当等网站搜索书籍时，你会发现，跟情商有关系的书一般都卖得不错。这说明了什么呢？说明人们对提高情商的需求很高，侧面也说明很多人的情商都不太高，需要学习。

我们先说说低情商的人都是什么样的。他们一般有以下特征：自私自利、不懂得分享、不懂得付出、不懂得双赢、没有感恩意识、非常张扬高调……总之是特别不招人喜欢。

那招人喜欢的高情商的人又有什么特点呢？他们愿意分享，知道凡事要双赢才能够获得更多的收益；他们懂得感恩，谁帮助了自己，在别人需要自己的时候，能帮得到的他们一定会帮助对方；想要获得什么样的对待，就要先去怎么对待别人。情商高的人比普通人更容易获得机会，因为他们更容易获得别人的好感。

人要有高情商，为什么朋友圈营销也要讲高情商呢？

因为朋友圈是一个社交媒体，朋友圈营销实际上是社交营销、社交电商，只有经营好了人，你才能有源源不断的生意。

如果你想成为朋友圈里的情商高手，一定要学会以下几点：

第一，学会分享，以获得更多朋友。很多人拥有了某样东西之后，都不愿意分享，就像小孩子拥有了玩具或者零食，不愿意跟其他小朋友分享一样，其他小朋友就不愿意跟你玩了。成年人其实也是一样的。

如果你不愿意分享你的资源、经验等，同样也不会有人跟你分享这些东西。其实，如果你把东西分享给对方，对方一般也同样会把东西分享给你，那么你们就相当于"1+1=2"。比如，你分享了资讯、笔记、经验给对方，对方也分享自己的东西给你，你就相当于有了两份资讯、两份笔记、两份经验。而如果你把资讯、笔记、经验揣在手里，不跟别人分享，那么你的资讯、笔记和经验都只能靠你自己去获取。

第二章
让自己成为朋友圈"明星"

第二，利他，不怕吃亏。想要获得别人的帮助，你就得先帮助别人。怎么帮助别人呢？如果你在对方所从事的领域有经验，那么你可以给他一些建议；如果你有资源，那么你可以牵线搭桥、提供资源。人都是情感动物，你帮了他，他以后就会帮你。比如我想跟某个大咖合作，那么我就要先想一想对方需要什么，如果对方想要提升自己的品牌美誉度，我有什么办法可以帮助他。我认识腾讯的商务，那我能不能通过资源互换，提升他的品牌美誉度呢？

第三，站在他人的角度，为他人着想。比如身边的朋友要过生日了，如果你跟他关系比较好，可能你就要考虑送他什么礼物比较好。有的人就想送个便宜一点的，或者是自己觉得不错的。但实际上很多人送了礼物，对方却并不喜欢，为什么呢？因为没有站在对方的角度想一想他需要什么，喜欢什么。

如果你能设身处地地为他人思考，那么你就能更大程度地获得对方的欢心。比如送礼物之前，我就会想最近对方缺什么东西，对方是一个什么性格的人；或者他家里面有几岁的宝宝，正需要什么东西；或者他是否有期待已久但是一直不舍得买的东西，如果价格我可以接受，就可以送这个礼物，如果价格过高，那么我可以送一些比较实用的东西。

第四，懂得双赢的好处，一起获得更多机会。如果你想和别人合作，而别人知道或者发现你想在他那里捞好处，失败的概率会很大。所以，如果我们想要跟别人合作，打开或者设计一个双赢的局面，才能获得更高的成功率。你要想一个可以实现共赢的合作方案，让对方看到这个方案时就感叹你的高情商，感谢你有真正地站在他的角度为他着想，而不是只想着自己的利益，从他这儿捞好处。

第五，懂得感恩，获得好印象、好口碑。得到别人的帮助后，你一定要说别人的好话，并且时刻记住别人对你的帮助。等别人需要帮忙的时候，你要尽可能地帮助他。我认识的一个男孩子得到过一个老师的帮助，但是他总在背后说老师的坏话，他觉得老师的写作、演讲都不行，但是他并没有想过，没有老师他就不可能成长得这么快。而他的举动也让知道这些事情的人，对他产生了不好的印象。

第六，小礼物，好人缘。我有个朋友在这方面做得特别好。每到线下小型聚会，他都会给每个人带份小礼物，这给别人留下了特别好的印象。后来，我在举办线下活动或者与人见面时，也会特意给我想要链接的人带一份小礼物。这种做法，会让别人感受到你的用心，同时也能够提升你的人缘；在下次见面时，他也会记得给你带一份小礼物。在礼尚往来的过程中，你们的关系会越来越好。

当然，我们的时间和精力有限，不能对所有的人都"一视同仁"。很多时候，我们只需要在重要的节假日或者对方生日时给对方发个红包、送一句祝福，或者在朋友圈评论一下就足够了。

很多人可能会说，找别人帮忙时不知道该如何开口。其实很简单，可以用第四个原则——想一个双方都可以共赢的方案即可。比如之前有一个自媒体大咖出新书了，他想找别的自媒体大咖帮他做推广，于是他以自己的公众号和朋友圈资源作为交换，对他们说："您帮我在朋友圈或公众号上推广新书，我也会在我的公众号和朋友圈推荐您，或者为您写一篇采访报道"。并且为了节省大家的时间，他将写好的文案直接给了对方，很多大咖马上就帮他背书写文章、发朋友圈了。

至于如何挖掘和知道别人想要什么，也非常简单，看他的朋友圈、公众号和微博就可以了。看看他们最近都在关注什么，在做什么事情，或者你也可以跟他们私聊，看看对方最近有什么计划，有什么是你能够帮上忙的。

怎么撩，让每个人都喜欢你

假设你已经找到了有很多优秀的人的微信群，那你应该怎么在群里面撩，才能够获得好友的好感，并且让他们主动加你为好友呢？总结起来主要有以下6点。

第一，多刷脸。比如你在自我介绍的时候，要突出自己的特点，比如自己有什么资源、能力，这样可以让他人对你有印象，继而对你产生好奇，想要认识你。

第二，晒收获。比如你可以在微信群里晒自己学习到了什么知识，在群里结交了哪些厉害的人，平时参加的培训收获了什么经验、心得，等等。这样能让别人觉得你上进、爱学习、爱分享。

第三，晒成绩。比如，我可以晒我的公众号刚开通1个月就有1万粉丝了，我的文章获得了100万+的阅读量，我的业余收入突破5000元，我被众多平台邀请开课，我的抖音号上了热门，等等。晒成绩这种做法，可以让大家感受到你的进步，让大家觉得你有行动力、有能力，进而想要靠近你这个充满正能量的人。

第四，为群友提供价值。比如，主动地利他，群友有什么疑问刚好你懂，你就可以帮助群友答疑解惑促进他的成长，久而久之，群友会觉得你是一个特别热心的人。

第五，主动添加好友。想要和群里优秀的人建立关系，有时除了靠吸引，也可以主动出击。但是主动出击有个先决条件，那就是先让大家认识你、对你有印象之后，再去添加互动过的人。想一想，如果群里面不认识的人加你，你是不是会觉得很奇怪呢？你通过对方申请的概率自然也会比较低。由此可见，如果你在你们互动过的情况下添加他，他对你有了印象，很自然就会通过你的好友申请了。

第六，群分享。如果你参加的是一个学习型的微信群，那么你可以通过分享自己整理的笔记获得大家的认可。如果你的空余时间比较多，你可以主动帮助群主管理群，提醒大家改名字、发群公告、维护群的秩序等。如果你有能力，可以通过分享自己的经验和干货获得群友的认可。如果群主刚好看到你的分享并且对你表示认可，他就有可能主动邀请你为群友做一个经验分享。这样一来，你就可以凭实力批量吸粉了，也可以叫作"批发式销售自己"。

有人可能会问："阿佳老师，'混'社群的时候自我介绍很重要，那么自我介绍应该怎么写呢？"你可以按照这些要素来介绍自己：姓名、身份标签、行业职业、圈子标签、特长标签、过往的成绩、可提供的价值和资源。

比如，我的自我介绍是："我是阿佳，精锐咨询创始人。曾先后任职于腾讯、百胜中国等知名企业。我是两个孩子的妈妈，是朋友圈营销领域知名'大V'，今日头条的签约作者、精准营销专家，我可以提供媒体大号资源对接，我想要流量资源。"

这个自我介绍可以很明了地让人看到我的资源、经历、成绩、企业背景、需求。想要与我建立联系的人，或者能够为我提供资源的人自然就会与我联系。

进群以后，除了要主动介绍自己，还要主动修改群名片，这样，你在发言的时候别人就能够一目了然地知道你的名字、职业、标签等。而刚进入微信群时，你需要注意的是，介绍完自己不要马上噼里啪啦侃大山，而是要注意观察谁是这个群的核心人物，谁是群里的意见领袖，社群的气氛是怎样的，谁可能是对自己有价值的人。这些问题搞清楚以后，我们才能更快更好地融入这个微信群。

进入微信群的第二个阶段是群聊。要注意的是，在群里不要乱聊，因为你在微信群里的每一条聊天记录都会出卖你。微信群里的很多人其实都是在默默潜水的，但是他们会时不时地关注一下群里面都有谁在聊天，都说了些什么。微信群是一个"公共场所"，如果你在群里发一些让别人反感的内容，就会让别人对你产生非常不好的印象，比如广告海报、广告链接、无意义的动图、表情包、投票活动等。

那么，什么样的群聊才是正确的呢？

第一，多分享干货和经验心得，帮助他人，提出诚恳的意见和走心的观点。比如说我的一个微信群有一位群友叫"牛牛的Annie"，她是一个非常普通的全职家庭主妇。但是为了体现自己的价值，链接社群里面的人，让大家能够记住她，她每天为社群整理精华内容，她的付出收获了很多人的好感，很多人给她发红包。每一次她把群聊精华整理出来之后，就会有几十个人一直给她发红包，大家会说："牛牛辛苦啦，感谢整理"，甚至有人会说："你已经成了我的习惯了"，这说明大家都在期待她的出现。有一次她生病了，大家也非常地关心她，叮嘱她安心养好身体，这就是通过为他人提供服务，而和群友建立了良好关系的典型。

第二，不要随意打断别人的聊天，不要刷屏。如果你有比较小众的问题，这个问题感兴趣的人比较少，那么就比较适合私聊。如果你要回复群里某一个人，要@他，不然如果群消息比较多，别人会不知道你回复的是谁。除了@他，如果你用的是电脑版的微信，用鼠标右击这条消息就可以出现"引用"这个功能，这时会有一条分割线，你可以直接在下面输入你的观点，这样聊起来，谁跟谁在聊天、谁在回复谁的问题就一目了然了。

第三，学会在社群体现自己的价值。比如有人问问题的时候，如果你是这方面的专家，或有一些经验和心得，你可以主动回答他的问题。这样一来，别人会觉得你非常好，同时还能间接表现出你的专业性。

第四，如果是学习社群，上了一些课程后，你可以主动分享自己的学习笔记。我的一个女学员通过这样的方法分享课程笔记，最后一个300人的群有100多人加她。

第五，学会发红包。"剽悍一只猫"是我非常佩服的一个朋友，他是非常有格局的人，他非常善于用红包链接人，让别人很容易对他产生好感和信赖！其实有很多人喜欢发红包，但是为什么有的人发红包很招人喜欢，但有些人则没人喜欢呢？因为发红包也是有很多技巧的。

发红包不能太功利，有些人只在有求于人或者是有事情的时候才发红包，大家就会觉得他发红包就是为了让我们去给他发广告。但有一些人平时也发红包，比如剽悍一只猫，他会发早中晚加蛋红包、夜宵红包，节假日回来后他也会发一个红包，而且发得很有趣，红包手气最好的人，还可以得到他的一些比较搞笑或者搞怪的礼物。比如说第一个红包送卫生巾，第二个红包送加多宝，第三个红包送手工辣酱，第四个红包发大米，第五个红包送杜蕾斯。其实这些礼物都不是很贵重，却都很好玩。你觉得这样的互动方式会不会让群里的好友觉得他人又好又有趣呢?

另外你发的红包数额也不能太小。如果你发现大家都发了很小的红包,觉得大家都这样发,那我这样发也没有关系。但是如果突然有一个人发的红包比别人都大,那么大家就会一下子记住他了。

这就是区别,想要别人记住你,你就要有别于别人。偶尔你也可以发个小红包,钱不用多,但却能够提高别人记住你的概率。感谢别人发个红包,也是一个让别人记住你的好办法。特殊时刻,比如群好友生日、结婚时发个恭喜的红包,也能让他人印象深刻并对你产生好感。不要在有事求人的时候才去发红包,这样子会让别人反感。如果你想链接某个人,那就去给他发私人红包吧,记得要找个好的措辞,比如感谢帮助之类。

另外,当你需要在群里发一些广告和求助性的内容时,需要注意以下3点:

第一,想在群聊中发链接,该怎么办呢?其实链接是可以发的,但很多人直接发了链接就"消失"了,也不附带一些走心的推荐理由。这样的话,打开链接的人当然不会多,因为他们根本就不知道这个链接是什么。如果你希望你的链接或者是发的内容被更多的人看见，应该附带走心的推荐理由。比如，你要说你觉得这个链接的内容或者文章哪里好，为什么觉得它能够帮助到大家。

第二，有时候你可能有事情需要在群里面求助。如果这时有人在群里面聊天，你应该先有礼貌地去打断并说明情况，比如事情的背景，遇到了什么情况，为什么要求助，希望得到什么样的帮助。而不是直接上来就是一个问句，别人还得问你遇到什么事、什么背景、遇到什么困难，会非常浪费时间。

第三，很多群不能发广告，不能发链接，那如果你想发广告该怎么办呢？

下面教你如何巧妙地发广告。

第一种：求助式广告。在我的课程刚上线时，我给它打了一个广告，我编辑了两段文案，然后这样和群里的群友说：大家帮我看看哪一个文案更好？

（1）还有3小时，朋友圈营销课程即将从69块涨到99块（罗列课程的卖点、优点，数据）3万人同时在线学习的实战微课，今天69，明天99。

（2）还有3小时，阿佳老师的预售活动就要结束了，课程上线3天超过预售预期，纷纷呼吁涨价了，特别提醒……

其实，发这两个文案有3个目的，第一是让大家帮我看看哪个文案更好；第二是顺便打一下广告，让大家知道我有这样的一个产品，而且卖得非常好；第三是强调今晚之后马上就要涨价了。随后我发了一个红包，领红包的人非常多，很多人认真地看了文案，而且给了我建议，买了我的课程。

很多人喜欢帮别人出主意、提建议，比如起名字、选一个最好的广告语，等等。所以这种巧妙地打广告的方式，很多人并不会讨厌，甚至意识不到这是广告。

第二种：群名片式广告。将名字改成"姓名＋你的标签"，比如"张三—最懂创业公司的律师"，或者"张三—每个人都应该有一个律师朋友圈"，或者"张三—有法律问题咨询我"。你在群里正常聊天，别人总会看到你的名字，"有法律问题咨询我"这个标签不断出现，会让大家印象非常深刻。他们有法律问题时，就会下意识地想起你，而群主还不能说你发广告，你说是不是呢？

影响力变现：
你不必讨好所有人

　　总之，要想通过微信群发展更多的人，并从中获得收益，必须在群里注意自己的一言一行，因为你在群里的每一条聊天记录都会影响你的个人品牌形象！

提升信任感的高段位沟通法

在朋友圈的沟通中，我们有很多的实用场景，但主要分为以下4类：

第一类，微信沟通。即彼此加了微信，互为好友以后的沟通。

第二类，微信群沟通。即我们进入一个群以后与群友的沟通。

第三类，朋友圈互动沟通。即我们在朋友圈与好友互动留言的沟通。

第四类，线下沟通。即我们在线下与陌生人或与网友见面时的沟通。

那么在这四类沟通中，我们该如何获得朋友圈好友的信任呢？

其实无论是微信沟通、微信群沟通、朋友圈互动沟通，还是线下沟通，我们都需要用到心理学中的"共情效应"。当一个人看到我们的微信，首先看到的是我们的微信名称、微信头像、微信签名和微信相册。很多人的微信头像是一些宠物、风景、花草树木，甚至是网络人物、漫画人物，这就会让想与你沟通的人不知道你是个什么样的人。

假设我们想要跟一个人沟通，我们发现他的头像是一只猫，名字很奇怪并且没有签名，他的朋友圈都是各种各样的链接和广告，朋友圈也只对好友3天可见。这样，我们完全没办法判断他是怎样的一个人，那么你会对这个人产生信任感吗？

如果想让别人快速地信任你，你需要做到以下几点：

运用共情效应

共情是由人本主义创始人罗杰斯提出的，是指在与别人交流时，我们要有体验和感受对方的内心世界的能力。在与别人交往时，如果我们能够巧妙地运用共情效应，那么我们就可以轻松赢得对方的好感和信任。

在与人交往时，我们要善于找到双方兴趣的共同点，然后通过向对方展示，让对方意识到大家都拥有共同的爱好。这时，对方就会觉得你格外亲切，你们之间就很容易展开话题。无形中，双方之间的距离拉近了。

比如，在聊天的过程中发现我们都是有孩子的妈妈，并且都喜欢旅行，都喜欢买漂亮的衣服，更巧的是我们居然还是老乡，那么我们就会越聊越投机，感觉相见恨晚。人的心理其实是很微妙的，如果你能够得到别人的认同，使他人觉得你跟他是一路的，那么你们之间的关系就会前进一大步。

那么，我们应该怎么去找彼此的共情点呢？可以通过以下3个方面：

首先，通过别人去了解两个人兴趣的共同点。比如你想跟自己不熟悉的人沟通，你可以通过跟别人打听、了解对方的身份背景、兴趣爱好等，来挖掘对方与自己的兴趣共同点。

其次，寻找共同话题。寻找对方与自己的共同点，可以增加彼此之间的亲切感。同时，当我们和对方都对同一话题感兴趣时，也更容易产生进一步认识的意愿。

再次，通过观察对方所说的话、所做的事情、所关心的事物，来发现对方的兴趣共同点。然后你再将这些兴趣共同点说出来，这样你们就能顺利地交流下去。

当然，我们还可以通过其他方法去寻找兴趣共同点，比如共同的生活习惯、工作背景，共同的圈子等，像"你是哪里人呢？哦，我们是老乡啊。""你住在哪里呀？哦，我们挺近的。""你孩子多大啦？哦，我的孩子也跟你差不多大哦。""你生的是男孩还是女孩呀？哦，我也有一个女儿。"……

多赞美对方，真诚待人

多去赞美他人，尤其是赞美他人不容易被人发现的某些优点，这样对方就会觉得你很了解他，从而觉得你很亲切。于是他就会在很短的时间内接受你，愿意跟你交往。还有，一定要真诚待人，与人交心。交人先交心，以心交心，用真诚赢得对方的好感和信任，真诚才是最大的套路。

主动暴露自己的一些秘密

暴露自己的秘密不是很危险吗？其实心理学家认为，自我暴露更有利于增加双方的亲密度，因为适当地自我暴露是对他人的信任，显示出了你对他的尊重。而当你表现出对他的信任和尊重时，他也会对你产生好感，甚至也向你说出他的心事和个人信息，你们之间也会由此产生和建立一种亲密关系。

但是暴露太多也会影响一个人的整体形象，会让其他人讨厌你，从而慢慢疏远你，甚至会使你的个人信息变得人尽皆知。最安全的自我暴露是讲自己的目标、未来的规划，还有最近的生活状况，等等。有时候卖一下惨也容易拉近距离，比如说吐槽下自己最近经常加班，好累；想要去哪里旅行钱又不够；最近想换一辆新车，但是老婆不支持；想买个房子，但首付不够……

另外，主动暴露自己的秘密，有时是为了消除对方的防备和怀疑之心。主动向对方透露自己的心事和小秘密，能够让对方觉得我们信任他，从而将我们当作自己人，跟我们交换他的心事。但是要记住，要懂得适可而止，根据交往的对象选择暴露的程度。

那么，我们该如何恰到好处地自我暴露增加亲密感，又不让人反感呢？

线下的时候，因为我们彼此都是刚相识的人，暴露自己的职业、籍贯、有几个孩子等即可，这些信息足够让彼此有一定的信任度了。再深入的话，就等到双方互为微信好友，并且有了更深入的了解以后。

在分寸方面，微信私聊时可以暴露得多一点，但是也要防止对方截图。如果你担心截图，可以语音或者视频通话，也可以打电话。微信群和朋友圈属于半公开状态，所以就要特别注意分寸，要注意区分哪些可以暴露、哪些不适合暴露。

综上，我们可以通过共情效应，多赞美对方、真诚待人、主动暴露自己的一些秘密去获得对方的信任。如果你想获得某个人的信任，那么就尝试一下这些方法吧，看这种方法是不是能够让你们彼此更加亲密呢？

快速扩展精准人际关系资源

人与人链接的最好方式就是互相成就，交人也是交心，交心才能连接到你想认识的人。

如何快速找到种子用户

　　微信群是一个非常好的营销工具。一个微信只能加5000个微信好友，100个微信群却可以收获5万个高质量好友。因此，如果想把微信群玩好，你一定要学会找到微信群的种子用户。

　　种子用户是打开微信社群营销局面的关键要素。我们有在前面提到过如何批量获得高质量好友资源，比如通过"混"群、线下活动，通过输出有价值的内容，通过其他自媒体引流到微信号，但是这些好友不一定都是你的微信群种子用户。那么微信群的种子用户要如何获得呢？

　　首先，要不断优化和筛选出高质量的微信好友。

　　微信群有免费和付费两种。免费的微信群，顾名思义就是不需要付任何费用就能够进的群。群的分类，我们在前面讲到过，像同学群、亲友群都是免费的，它们是基于关系而建立的免费群。还有一些免费群是通过种子用户做免费的活动裂变来的，付费的微信群是通过对种子用户进行筛选以后，通过付费筛选出的高质量付费人群。

我们可以精心准备群发的内容，如果微信好友对你的内容感兴趣，他们一定会点开阅读，并且按照你精心策划的流程进入你的微信群。比如我做活动时会群发一条消息，但是我会在信息前面加上他们的名字，让他们觉得这条消息是专属的而不是群发的。如果他对这个活动感兴趣，就会按照我的策划流程进入我的微信群。

比如，我之前要开办第一期个人品牌训练营。我做了一个短视频，视频内容首先是感谢所有购买过我朋友圈课程的同学，并且告诉他们，因为有很多人问我有没有个人品牌训练营，所以经过半年的时间，我终于要把这个训练营推出来了。但是为了把这个课程做得更好，所以需要大家帮助我做一个小调研。如果大家对这个训练营感兴趣，请在我的朋友圈第一条点赞，帮我做一下调研，我会送你一个抖音运营的干货包。

在群发这个视频，并获得好友点赞的过程中，我就完成了种子用户的初步筛选。之后，我开始进行公开课的宣讲，并且告诉他们个人品牌训练营的价格，最后有25%的人购买了我的个人品牌训练营。

其次，培养出了种子用户以后，就要扩大经营。

想要提升种子用户的数量和质量，单打独斗是不可行的，一定要学会借力、借势。

一是免费公开课。我的合伙人咖喱哥筹办了抖音训练营，在训练营开始之前，他的朋友圈只有100多个种子用户。他发起了一个抖音公开课，设计了一个免费听课的海报，想听公开课的人必须将海报分享到朋友圈并截图给咖喱哥，才可以获得进群免费听课的资格。通过这个方法，100多个种子用户裂变出了500个新用户。

二是跟拥有大量粉丝的"大V"借势。如果某个"大V"的公众号有10万个粉丝，通过跟他建立友好关系，他愿意在朋友圈帮我宣传一下，那么一条朋友圈也许就能给我带来几十、上百个种子用户，我再利用这些种子用户进行扩散，就有一传十、十传百的效果。

三是跟拥有大量用户的平台借势，如荔枝微课、千聊。

比如最开始我没有多少粉丝，我通过和荔枝微课合作，将课程卖了几万份，这些学员只要有10%加了我的微信，那么他们就成了我的种子用户。而如果我没有借助平台，没有借助其他人的微信群，没有借助大咖的力量，那么我想要在短时间内获得几千、上万个种子用户，是非常难的。

四是跟你认识的各种高质量好友借势，让他们帮你转发朋友圈。当然，在关键时刻别人愿不愿意帮你，就要看你平时跟别人的交情了——有没有给别人留下好印象，或者你平时有没有帮助过他。你也可以跟和你实力差不多的人进行互推，比如你跟他的微信好友数量差不多，这一次他帮你在朋友圈推荐，帮你获取用户，下一次你帮他推，或者约定一个时间互推，彼此赋能，获得种子用户。

五是找联合发起人。下面给大家讲一个案例：2018年8月份，我想筹备一个副业赚钱研习社的社群，但是我的付费种子用户不是很多，撑不起一个500人的社群，于是我找到了我的联合发起人薇安老师。找到联合发起人以后，我发起了一个公开课，我们一起做活动，让种子用户来听我们的公开课分享。我们通过朋友圈群发消息，告诉种子用户我们要做一个社群，要送福利并且邀请他们来听分享。通过发朋友圈和一对一私聊，最后我拥有了6个群，每个群有300~400粉丝。在种子用户裂变的过程中，进群的粉丝也可以邀请朋友来听分享。一些微信好友邀请了几十个好友进群，通过他们发朋友圈，也吸引了不少人参与分享活动。最后有近500人加入了我的半年学习社群。

六是通过分销的方法裂变、增加种子用户。你可以设计一个性价比非常高、吸引人的主题系列课程。比如你想吸引的是爱美、想要瘦身的女性，那么你就可以设计一个瑜伽塑身课程。该课程的价格可以非常便宜，只需要39元。而每分销一个，分销人就能获得50%的分销收入。这种高性价比的课程吸引力大，又能够分得高额收入，会促使很多人愿意帮你分享分销。

想要种子用户愿意帮你扩散裂变，一定要给他利益，要么是性价比高的分享课程、资料、权益，要么就是一定比例的收入。

综上，想要做微信群，我们首先要找到种子用户。可以通过加入付费群"混"群，分享免费公开课，跟"大V"借势，让他们帮忙推荐，借势平台引流到微信号，和好友互推，通过种子用户分享裂变来实现这一目的。

我们可以试着建立一个月左右的短期社群，通过发朋友圈，好友一对一私聊的方式建立第一批种子用户。

扩展精准人际关系的 4 个小妙招

　　我们在日常生活中会认识各种各样的人，微信里也会添加不少好友，但是那些人不见得都是我们需要的精准好友。那么我们该如何获得精准好友呢？是进微信群以后将所有人加一遍？是通过平台买粉？错！这些加好友的方法非但精准度低，黏性也差。

　　想要获得精准好友，首先要想明白谁是你需要的精准好友。如果想通过朋友圈变现，我们需要拓展的好友有三大类别：大咖、合作伙伴和客户。

　　大咖能够帮助你变现，是因为他们拥有大量的资源，比如流量资源、人际关系资源、媒体资源、平台资源、有价值的信息等。

　　合作伙伴能够帮助你变现，是因为他也同样拥有你缺少的资源，比如流量、人际关系、媒体、资金、平台，如果你们合作，他能给你资源，让你获得收入。

客户能够帮助你变现，是非常显而易见的。客户会购买你的产品或者服务，你会获得收益。但并不是每个人都能成为你的客户，所以这里你也需要吸引精准好友，才能提升转化率。

弄明白自己想要什么样的好友以后，你可以通过以下4个小妙招获得精准好友：

加入高质量付费微信社群

在我们的生活中一般有五大社群：同学同事群、商务行业群、亲戚朋友群、兴趣学习群、圈子群。在这五类里面，同学同事、亲戚朋友属于熟人，是比较固定的人际关系网；而商务行业群、兴趣学习群、圈子群，则可以有机会认识更多陌生人。

商务行业社群，比如BD（商务拓展）群、新媒体小编群、股票投资群、电子行业群、广告行业群、电商行业群等，都属于商务行业这一大类。这些社群可以通过行业网站、公众号等媒体获得进群方式。比如BD（商务拓展）群可以通过BD沃客、市场部网站获得管理员客服微信，然后申请加入。兴趣学习群，比如李笑来、吴晓波的名人群；学习圈子群，比如樊登读书会、罗友霸王会、知识IP（知识产权）、笔记侠、剽悍江湖等；圈子类，比如岭南会、南极圈等。如果你想要获得这些社群信息，均可关注相关行业或人物的公众号、微博、网站。

除了以上方法，你还可以通过知识平台的线上课程加入一些自己感兴趣的群，比如意见领袖的训练营、主题学习群、私房课、线下分享会等。

参加付费线下活动

线下活动的分类一般有亲子、行业、生活、学习四种。生活类活动，比如演出、文艺、手工工艺、户外出游、运动、健康、聚会、交友、休闲娱乐、投资理财、时尚、心理、体育赛事等。学习类活动，比如读书、知识社团、讲座、公开课等。行业活动，比如科技、金融、游戏、文娱电商、教育、营销、设计、地产、医疗、服务业等。亲子活动，比如儿童才艺、益智游戏、亲子旅游等。除了这些，还有一些比较高端的学习组织，比如MBA课程、总裁班、商学院等。

分享沙龙也有很多类型，比如演讲、化妆、新媒体运营等主题。这些活动除了可以通过各大行业的网站、公众号、微博等获得，也可以通过"活动行"APP、"互动吧"APP或者其他的相关APP获得。

持续进行线上和线下活动的分享

为什么要持续分享呢？因为只有你持续分享，才会有更多的人认识你，你才能够得到持续的曝光。持续分享的方式有很多，比如微信群、知识平台、新媒体、企业或者传统媒体。

有很多知识平台都是可以自己建立课程和直播间的，你可以通过自己的流量去宣传，或者和平台合作分成。通过持续的分享，你可以成为平台的优秀学员或者意见领袖，得到官方组织的认可，进而他们会邀请你去分享。你还可以通过培训机构或者培训经纪，去获得企业内部或者企业外部的分享邀约，但这要求你在线下有较高的讲课水平和技巧。

线下活动公开课分享除了他人邀请，也可以自己组织，或者主动向主办方争取分享的机会。除此之外，有很多主办方缺少分享嘉宾，如果你在某个领域有比较专业的能力和经验，你还可以成为行家，等待别人找你。

当然，最重要的是你要进行持续曝光，这样才会让更多的人认识你，使你获得邀约分享的机会。我最初也是在某一个知识平台上免费分享了一次以后，才开始有多家平台邀请我进行分享。所以只要你迈出第一步，或者进行持续的分享，一定会有人发现你，如果听众或者读者对你的内容或者对你产生兴趣，他就会主动加你为好友。

输出内容

可以输出内容的新媒体平台有很多，内容形式也多样，比如文章、图片、音频、短视频、直播、问答、课程等。目前比较主流的新媒体平台有"两微一抖"，即微信、微博和抖音，微信是熟人社交，微博是陌生人社交，抖音是短视频社交。除了以上3个平台，还有今日头条、知乎、一点资讯、简书、企鹅号、百家号、搜狐号、豆瓣、领英专栏、映客直播、花椒直播、一直播、A站、B站、千聊、荔枝微课、小鹅通，等等。

分享时你需要甄别自己适合的平台和擅长的内容。比如你对健身非常在行，你可以写健身瘦身的文章、食谱，可以在短视频平台教别人健身瘦身的动作，可以通过直播来分享自己的瘦身过程，可以在问答平台进行瘦身问题的回答，可以通过音频和课程教别人减肥的技巧，也可以通过图片进行瘦身方法和小技巧的分享。

一开始，你可以选择操作简单的平台和自己擅长的内容，等到自己各方面已经比较成熟，或者学会了短视频的制作之后，就可以增加自己的内容渠道和形式，增加更多的渠道曝光，以获得精准好友。

下面是两个扩展精准好友的案例。

第一个案例是我的一位前同事，叫"超级LY"。她的精准好友分为三类，第一类是粉丝客户：爱美、爱买的女性；第二类是合作伙伴，"金主爸爸"或者同样拥有女性粉丝的平台和自媒体人，"金主爸爸"指的是广告甲方或者品牌方；第三类是大咖，比如在美妆时尚领域拥有资源的人或者意见领袖。

她通过加入美妆学习群、辣妈社群、美妆博主群、美妆博主的粉丝群、护肤产品群、海淘群、自媒体群等，获得了粉丝客户和合作伙伴，同样也发现了很多大咖。

前面我说过，我们运营内容可通过公众号、微博、抖音、秒拍、今日头条等新媒体平台。她主要的发力平台是微博，内容形式是化妆的图片教程和唇膏试色，偶尔也发化妆视频和直播。除了线上的新媒体平台，她偶尔也参加线下的女性沙龙、品牌活动等。她的主要变现方式是测评广告和产品。

第二个案例是我自己。我的精准好友同样分为三类。第一类是粉丝客户：爱学习、需要职场成长和营销知识的人；第二类是合作伙伴：知识付费平台、培训机构或者拥有粉丝的自媒体同行；第三类是大咖：大咖在平台、新媒体、电商领域有影响力和资源。

和上文所讲的加精准粉丝的小妙招一样：我会加入有我想要的精准好友的微信群，如各种学习社群、微课社群、知识IP社群、辣妈社群、BD社群、小编群、知识付费大佬群，找到粉丝客户、合作伙伴和大咖。我加小编群，是为了发现运营人才；我加入知识付费大佬群，是为了发现大咖，并创造和大咖的合作机会；我加入学习社群，是为了吸引对我感兴趣的客户。总之，无论是什么群，只要你确定这个社群里有你想要的精准好友，即可加入。

内容运营方面，我主要通过公众号、微博、今日头条、抖音、朋友圈等不同平台，来积累我需要的精准粉丝，并通过引导让他们添加我的微信号，比如我会在这些平台上留言：想要与我交流可以加我的微信，想要一些学习资料可以私信我，等等。

除了线上的持续分享和社群分享以外，我也参加线下的社群活动、沙龙活动、高峰论坛、线下学习、线下分享与咨询等。线下见过面，好友对你的印象会更加深刻，加了好友以后黏性也会更强。我的变现形式是流量广告、产品分销、知识服务和内容电商。

除了微博，现在也有很多人通过抖音成功地引流了精准好友到朋友圈。比如，我的一个卖果茶的朋友，他通过在抖音分享自己做果茶创业的经历，吸引了非常多想要通过副业赚钱的宝妈。虽然他的抖音只有500个赞、100多个粉丝，但是他将微信号留在了抖音的备注里，引流了非常多想创业或者想喝果茶的精准好友到朋友圈，仅半个月就收入过万。

抖音涉及的行业有很多，比如母婴、服装、食品、瘦身、汽车等。你分享的内容，决定了加你好友的人的类型。比如你分享的是瘦身的干货和内容，那么吸引的必定是想要减肥的人群；如果你分享的是生活小妙招、亲子母婴类内容，那么吸引的必定是妈妈居多；如果你分享的是服装穿搭，那么吸引的就是爱美的女性。我运营的一个生活小妙招抖音账号，目前有80多万粉丝，每天可以引流200多人到微信朋友圈。

如果你也想做，只要持续分享，一定能够吸引精准好友到你的微信朋友圈。

有人可能会问，我不会抖音，也不会写文章，那该怎么办呢？不同阶段可以有不同的拓展好友的方法，我们将这些阶段分为初级、进阶和高阶三个级别。

第一个阶段是初阶，可以通过加入微信社群、参加线下活动和自媒体内容运营来主动创造机会和价值，通过吸引法则，吸引对你的内容和个人感兴趣的人。

第二个阶段是进阶，当你的能力和知识储备进一步提升时，可以开始尝试通过分享，如微信群分享、线下活动分享、多平台分享，主动地创造机会和价值，让更多的人知道你。

　　第三个阶段是高阶，当你做出一些成绩时，会有更多人发现你，你也会认识更多的人，并且他们可能会邀请你进行分享。这个时候要注意积累成绩和案例，借助成绩、案例、更大的平台、出版物、大咖等，来拓展更多的好友，从而进一步扩大自己的影响力。

　　当更多的人认识你、认可你时，你就能够获得更多的精准好友。对此，你可以根据自己所处的阶段，制定一个拓展精准好友的计划。

学会这4点，增粉 so easy

很多人经常问我：你的粉丝那么多是如何积累的？

其实，增粉的方法有很多种，但我比较推崇精准增粉。什么是精准增粉呢？就是粉丝是主动加你的，他们认可你，所以想认识你，这样的好友对我们来说才是有效的粉丝。

我刚开始打造个人品牌的时候，尝试了很多增粉的方法，效果都不是很好。在明白了精准增粉的道理以后，我的粉丝数量有了很大的增长。

以下4种增粉的方法属于精准增粉的细化，每种方法都能让我们批量获得高质量粉丝。这四种方法除了能够批量增粉，粉丝的质量也非常高。

第一种：课程涨粉

课程涨粉是什么意思呢？指的是你可以通过免费公开课的方式让更多人认可你，进而让他们添加你的微信，达到增粉的目的和效果。

比如，你可以在唯库、职场充电宝这些知识平台申请做讲师，在荔枝微课、千聊、小鹅通等平台申请在自己的直播间开课；你也可以自己筹备分享课，让朋友圈好友、公众号粉丝帮助你扩散，吸引对你的分享主题感兴趣的小伙伴来听你的分享。比如我在创办"副业赚钱研习社"前就组织了近3000人、6个微信群的分享。

最后，你也可以通过参加学习社群，让群主发现你的分享能力。分享一两次以后，你可能就会被其他平台的运营或者群管理员发现，他们也会邀请你来他们的平台分享。比如曾经参加过我的个人品牌训练营的学员，主动申请要做一次分享，我会邀请一些优秀学员在群内分享。通过分享，你可以向他人展示你的能力、学识与智慧，很可能圈粉无数哦！

最早打造个人品牌的时候，我曾经主动申请过某平台的讲师，并在上面进行了第一次免费分享，当时有1600多人听我的分享；我还通过"公众号回复关键词可获得PPT"的方式吸引了500多人关注我的公众号，300多人加了我的个人微信。这次分享之后，越来越多的平台邀请我做分享，使我获得了更多的曝光。

除此之外，还有很多平台通过大众喜欢的课程主题策划免费微课，设计朋友圈、微信群裂变海报的形式进行扩散，如果你想要来免费听课，就需要将海报分享到朋友圈或者微信群。这样的方式会吸引更多人来听课，达到涨粉的目的。

第二种：平台引流

有很多新媒体平台拥有大量的流量和用户，比如微信拥有10亿用户，微博有4亿用户，抖音有10亿用户，而内容电商平台"小红书"和知名问答平台知乎各有1亿用户。如果你没有粉丝没有流量，只要找准了平台，就能轻松获得源源不断的精准好友。

如何才能够实现平台引流呢？直接打广告吗？当然不是，直接打广告即使没有被封禁，也难以获得粉丝关注。正确的做法是什么呢？你可以通过写文章、拍摄短视频或者回答问题等方式来获得目标用户的喜爱。

比如"美妆心得"和"小红书"里聚集着大量的爱美女性，上面有很多美妆博主、穿搭博主等。他们通过分享化妆技巧、穿搭技巧、生活小窍门等内容吸引喜爱其内容的粉丝，并在自己的个性签名里面留下自己的联系方式，引导钟爱自己的粉丝添加他们的个人微信。

有一个朋友坚持在"小红书"上面分享自己的日常穿搭，她长相普通，身高只有1.58米，却通过仅仅2年的时间就积攒了170多万粉丝。由于粉丝越来越多，她还创立了自己的服装品牌，受到了粉丝的喜爱和追捧。

我有个学员在今日头条和微博头条发布衣服的穿搭文章和视频，很快积累了两万多的粉丝。但是今日头条明令禁止发广告链接和二维码，也不能直接在文章里留下自己的联系方式和二维码，带有水印的图片也是不可以发的。但还是有很多粉丝通过评论求联系方式和购买方式，最后她光通过评论留言和私信就通过了今日头条的8000多个好友，过来的粉丝也是直接想买衣服的，这让她的生意非常火爆。

微博和抖音是可以留下联系方式来增粉的。比如我会在自己的抖音个性签名处留下我的微信号，由此添加我微信的粉丝每天络绎不绝。我有一个朋友的抖音短视频内容是自己的减肥经历，2个月之后，她积累了40多万的减肥精准粉丝，同样她也在简介处留下了个人的微信，2个月内通过她留下的个人微信加她的达到了1万人。

知乎的粉丝导流效果也是非常好的。我朋友贺嘉的公众号原来没有任何粉丝，通过回答知乎的问题，他吸引了一大批粉丝关注；通过在个人简介处留下公众号的方式，他成功导流了数万粉丝,而且这些粉丝的付费能力还非常不错。另外，知乎具有长效引流的能力，你会发现你曾经回答了一个问题，过了一两年依然有人通过这个问题加你好友或者关注你的公众号。

第三种：活动涨粉

活动有线上活动和线下活动，可以是自己组织的活动，也可以参加别人组织的活动。我曾经在公众号上做过一个限时免费送资料活动——"领取34G新媒体资源，助你成为新媒体高手"，那次活动我一共加了600多粉丝。

影响力变现:
你不必讨好所有人

　　线上活动涨粉的整个流程是: 写资料文案—整理资料包—设计宣传海报—将文章和海报推送给种子用户。种子用户如果想要得到资料包, 就需要在公众号回复关键词, 公众号会自动把资料发送给你; 你也可以将信息分享到朋友圈, 然后截图发给助理, 由助理发放资料包, 如果没有助理, 也可以自己操作。

　　除了线上送资料或者通过微课的裂变来涨粉, 你也可以通过参加线下活动, 加入活动群的方法添加好友。比如"活动行""互动吧"这些 APP 上面有很多线下活动, 你可以在上面找到适合自己参加的活动。我曾经被邀请参加过几次线下 300 人的分享活动, 每一次都能吸引一半以上的人加我微信。

　　如果你准备自己做活动, 就需要注意设计好整个活动的涨粉流程。比如: 通过什么免费活动吸引用户? 这样的活动能够吸引多少人参加? 种子用户在哪里? 如何启动和扩展? 如何引导用户关注我的公众号或者加我的微信呢? 以及活动中出现风险该如何解决, 比如你送资料, 如果百度云链接崩溃了怎么办? 你送免费微课, 如果活动太火爆了, 链接被和谐了怎么办？如果没有人参加该怎么办？这些问题都要提前想好。

第四种：互推涨粉

互推涨粉相当于朋友给你做信任背书。你朋友的朋友可能就恰好需要你的产品，是你的客户。

你可以找同行或者朋友圈能量粉丝差不多的好友互推，如果好友多，你也可以组织互推群。互推的规则是：比如500~1000好友的一组，2000~3000好友的一组，3000以上好友的一组，由对方提供推荐的文案，自己根据自己的表达风格修改。发布互推的时间在上午的8点、中午12点和晚上8点左右比较好，因为此时大家比较有时间刷朋友圈。

我的学员阿糖，她的朋友圈原本只有200个有效粉丝，通过互推、"混"群等方式增长到了600多个。后来我帮她建了互推群，这让她在一周的时间里涨了200多个粉丝，一个月的时间共增加700多粉丝，并且都是精准粉丝。

互推文案怎么写呢？开头可以这样写："某某是我的好朋友，她是两个孩子的妈妈，她创办了育儿公众号每天分享育儿心得。她的宝宝3岁了，从来没有打过针吃过药，如果你也想学习育儿经验，可以加她为好友，记得说是我推荐的哦！"也可以开头就直接说"推荐一个朋友给大家"，结尾说"记得说是我推荐的"。

互推文案的结构一般是：第一部分先说推荐一个朋友给你认识，这句话的潜台词是"我是你朋友的朋友"，这能够增加粉丝对你的信任感和亲近度。第二部分介绍这位朋友的成绩、特长、亮点，吸引朋友的兴趣。第三部分说明加这位朋友可以获得什么样的帮助，比如推荐育儿达人，可以跟粉丝说加他为好友可以学习育儿知识，这会让粉丝觉得这是自己所需要的，主动成为这个育儿达人的精准粉丝。

综上，想要批量添加好友，只要认真执行课程涨粉、平台引流、活动涨粉和互推涨粉这4个方法，一定会有意想不到的效果。

你可以根据以上方法开始增粉了，赶紧行动起来吧！

活跃微信群最有效的十大招数

经常有人问我："阿佳老师，你的群是我加入的群里面最活跃、最有干货的，为什么你的群那么活跃，我的群却死气沉沉，没有人说话，没有人互动呢？"

微信群之所以会死气沉沉，原因有很多。首先是在微信群在建立之前，群主没有想好定位和运营策略，没有想好可以通过哪些方式活跃微信群，输出什么内容，如何调动群里的气氛。而且微信群都是有生命周期的，它需要运营设计，如果你想要一个微信群长期活跃是不太现实的。

微信群的生命周期一般在3~6个月，这还是在有精心运营的情况下。在这里需要注意的是，卖货群和活动群一般生命周期都比较短，兴趣群、同好群的生命周期则会长一些。如果你要建的是卖货群和活动群，那么我们只要在活动期间保持活跃即可。

接下来，我来教大家在微信群刚建立时，应该如何维护和运营，才能最大限度地提升微信群的生命周期和活跃度。

第一，用户进群时就要告诉他群规则。比如：群规则是不能发广告；本群为付费学习群，未经群主或者官方允许，不可以私自邀请人进群；不能私自建群，等等。

第二，告诉进群的用户要先修改自己的群昵称。群里面的微信名五花八门，按照一定格式修改了自己的群昵称，可以很清楚地让群成员知道对方是什么职业，在哪个城市、地区，方便彼此链接。

第三，每个进群的小伙伴需要发进群红包，金额自定，并且在群里发自我介绍，让大家互相认识了解。我们应该提前提供自我介绍的格式，比如名称、职业，三件自己引以为傲的事情，能够提供的资源，需要的资源和帮助等。

第四，要定期准备活动，有固定的微信群节目。比如我做了课程交流群，这个群是没有固定节目的。而训练营和研习社有每日一问、每周一晒、每周嘉宾分享、每月群主分享活动，每次节目，群友们都会非常热情地参与。

第五，鼓励群成员分享。很多人认为所有的内容都要由群主或者官方来输出。其实不一定，你可以找社群里比较活跃、比较优秀的成员，让他来给大家做一个分享。每个人都希望受到关注，如果你能让他成为微信群的明星，他会非常愿意在群里面做分享的。同时，这个分享也能帮助群里有同样问题或者疑惑的朋友，群友一旦觉得这个分享对自己有价值，就会认可这个群的价值。

第六，组织线下活动。除了线上活动，我们还要组织线下活动。线下活动不一定要由官方来组织，可以让比较活跃并且热情的同学来组织当地的饭局。线下见过面的人，他们的关系黏性会更强，彼此间的信任感也更强，这样也可以反哺线上的微信群，让群更加活跃。

第七，红包热场。每次分享的时候，我们都可以用红包来倒计时热场。抢红包的人非常欢乐，同时也会激发更多的人参与发红包，使整个社群热闹起来。

第八，在举办活动之前，要发私信一一通知好友。在举行微信群活动之前，我们要准备好文本或者录制的小视频，一对一地通知群友，因为有很多人可能因为忙而将微信群屏蔽了，并不能及时地看到微信群消息。如果你一对一地私信给群友，他们一定会收到消息，并且会尽可能地准时参与群里的活动。为了提升群的活跃度，你还可以在私聊群友时告诉他："今天晚上某某会在群里面分享，收到的同学请到群里回复'期待某某同学的分享'。"

第九，每天签到。有一些群还会用到签到的功能，这样也能提升群的活跃度。但是如果签到刷屏，则会影响群友的感受，各有利弊。

第十，设计一个活动海报。在每次微信群做活动时，我们需要做一个倒计时海报、活动宣传海报，在朋友圈宣传，也可以私信发给微信群的好友，并且在微信群进行预告。海报的视觉冲击力比文字要强，一个设计得好的海报出现在微信群，往往能够激发微信群友的讨论。

运营微信群是非常耗费时间和精力的。如果有群主觉得自己一个人管理不了那么多群，则可以邀请群友来帮助你运营，你可以招募班长、组长、运营官等职位。为了让用户有社群参与感，可以让他们参与社群活动的策划和运营，让他们给社群活动出谋划策，调动群友的积极性与活跃度。

每个人都渴望被认可、被关注。如果微信群定期给予优秀的群成员、运营官激励，比如颁发海报奖状，他们会觉得自己被认可、被关注了，会更加愿意在群里面发言，从而提高微信群的活跃度。

想要活跃微信群，绝不是一个人就能做好的，里面有很多细节需要注意。比如微信群的仪式感，新人进群需要大家的欢迎，新人要发红包和自我介绍。举个例子，我的个人品牌训练营和副业赚钱研习社社群，我会给进群的每个学员发录取通知书；新人进群会受到大家的热烈欢迎，每个人都拥有独立的编号；新人进群需要修改群名称，即按照"编号＋昵称＋地区＋职业"的格式，并且要发一段自我介绍。

在社群开营之前，我们会有一个开营仪式。开营仪式会告诉大家群规则、社群如何玩、社群的活动安排等。我也会招募运营官，包括提问官、分享官、整理官、社群主理人、诊断官等。比如"每日一问"，每天会有运营官将社群成员提到的问题筛选以后，作为每日的问题发给群成员回答；比如"每周一晒"，每周一都会有学员将一周的成绩或者最近的收获编辑成文字，晒到微信群里面，以激励更多的群成员晒出成绩、努力进步；比如"每月诊断"，需要诊断官收集群成员的诊断问题，将每个人的资料整理好，定好时间做个海报，一对一通知到每个群成员，邀请大家一起听导师诊断。

我们也鼓励优秀的、有料的群成员来给大家分享干货知识。每周或者每月都有群成员申请分享，分享官会对大家提交的内容大纲进行审核，并且请宣传官写好宣传文案和设计海报。在分享日前，将海报一对一地通知到群成员，让群成员来参与。

在节假日或者群成员生日等喜庆的日子，我们会给大家发红包以活跃气氛。当然，每次优秀成员分享或者导师分享之前，我们也会发红包来活跃气氛。在分享完以后，我们也会趁热打铁，让群成员写出自己的收获和复盘。

微信群的经营，其实就是对"人"的经营。只要把人经营好了，微信群就活跃了。只要微信群能够输出满满的干货，有人情味，能够彼此链接，满足人最基本的社交需求，那么微信群就会保持活跃。

交心，才能链接到你想认识的人

　　无论是在工作中，还是生活中，我们都会在微信上跟各种各样的人打交道，而很多时候我们却不知道该如何与对方搭话。如果你收到了一个新的、没有备注的好友验证，你准备通过还是不通过呢？在这里，我们需要换位思考，如果我们在与他人搭话、添加别人为好友时也没有备注任何信息，别人也会思考是否通过你的好友验证。

　　通常来说，我们平时经常遇到和需要沟通的有四种人：陌生人、半熟人、熟人和大咖。

　　一般来说，熟人之间彼此都了解，就无须过多的吸引技巧。在这里，我们主要分析的是吸引另外三种人的方法。

第一种人：陌生人

无论是普通人，还是创业者，如果你希望通过朋友圈变现，都需要大量的好友，也就是经常需要跟陌生人打交道。陌生人的特点，就是你们互相不认识，或者仅限于一方知道另一方。因此，我们跟陌生人沟通、交流，要解决以下两个问题——告诉他你是谁，知道他是谁。

如果有人加你为好友，通常情况下，你应该先发一段文字过去。

文字大概分为三个部分：

第一部分，客气话，很高兴认识你之类；

第二部分，自我介绍我是谁，我是做什么的，我能够为你提供什么；

第三部分，如果您方便，请您也介绍一下自己，等等。

说完这些话后，如果对方回复了，大家就算认识了。你可以根据对方的信息建立备注，以方便后面的沟通交流。

第二种人：半熟人

半熟人比陌生人要熟悉一点，但又不是真正的熟人，因此叫作半熟人。比如，大家都在一个微信群里，没进群之前大家互相不认识，进群后知道都是一个群里的。

比如，大家一起参加过线上课程、饭局、聚会、活动，等等。

比如，大家有共同的朋友、同学、同事。

比如，大家曾经在一个学校、一个公司，但是没有打过招呼。

比如，大家有共同的爱好，像画画、旅游、健身、时尚穿搭，等等。

半熟人的特点是大家都不是很熟悉，但是又有共同的联系，比陌生人容易有更进一步的沟通、交流，比陌生人更容易搭话、合作。这样的人可以人际关系共享、互换资源。

除了扫二维码添加好友以外，在群里添加别人为好友时，需要备注一下理由，也就是你需要发送一个验证申请，比如你可以说是某某介绍的，或者可以说我也是深圳的宝妈，或者说我们曾在同一个公司，或者说我们是某某大学校友……而不是什么都不说，直接让别人加你。那样的话，通过率会非常低。因此，我们在添加别人为好友时，一定要写上是在哪里认识，找他什么事，或者我们有什么共同认识的人。

通过好友以后，也是照例发一段自我介绍。个人介绍可以事先做出多个版本，并收藏起来，在不同的情况下使用不同的版本。自我介绍一定要简单明了，尽量减少营销色彩。如果对方也发来自我介绍，就可以把他的自我介绍放到备注信息里。

第三种人：大咖

所谓大咖，就是比你层次高，比你有名气、有资源，在某个领域是意见领袖（KOL）的人，你需要向他学习，或者需要他的帮助。因此我们要多结交大咖，通过他们开拓我们的眼界，提升我们的格局。

大咖通常不会随便加陌生人，如果我们想和大咖搭话，需要做些什么呢？

首先，你要充分了解大咖的基本情况，你可以通过看他的百度百科、公众号、微博，或者视频、书籍等，了解他最近在做什么，他在领域内的名气，以及有哪些成就。

其次，如果你想让大咖通过你的验证，一定要写一个好的验证理由。申请的格式通常是：某老师或某总，然后说我买过你的课是您的学员，我读过您的书、参加过你的活动、是你的公众号粉丝等。验证申请要做到既有礼貌，又能拉近距离。

大咖通过你的验证后，你同样也要做个自我介绍，自我介绍的后半部分需要写几句恭维的话，比如我读过您的书，受益匪浅；我上过你的课，干货非常多，让我很受启发，我还分享给了身边的朋友等。

以上就是我们与陌生人、半熟人和大咖初步搭话的方法。那么接下来，如果我们想要与对方做进一步沟通，应该怎么办呢？

第一，情感互换、利他；

第二，发现对方的需求，提供自己的价值；

第三，提供自己拥有的资源；

第四，购买对方的产品或者服务。

如果我们想要别人购买自己的产品和服务，成为自己的客户，首先我们需要成为他的客户。购买客户的产品，是让他成为你的客户的最重要、最有效的手段。

有一个叫叶云燕的女孩，她是一个普通的保险业务员，却又是一个不一般的保险业务员。刚到厦门开展业务时，她一个人都不认识，但是她非常懂得交际和利他。参加老乡会时，她请求主办方让她充当助手，给别人倒茶、分菜；活动后不久的中秋节，她给老乡们送贺卡和家乡特产；她积极地加入妈妈群，在六一儿童节收集宝宝地址，给宝宝们寄礼物；参加关键人饭局时，她在大咖买单之前悄悄买了单；为了认识更多的陌生人和大咖，她更是主动组织饭局、老乡聚会、车友会活动等。

有一次，她得知一个老总很久没过生日了，她辗转打听到他的生日并记在心里，在他生日那天特意召集他的几个好友，为他安排了一场别出心裁的生日宴。她还参加了厦门大学总裁班，通过班主任了解所有同学的生日，给每一个同学发生日祝福。她为了与一个大咖搭话，让朋友把她一起带到大咖生日宴上，在所有嘉宾都没有带相机的情况下，她用相机记录了生日宴的精彩瞬间。

叶云燕在与陌生人和大咖建立深度联系的过程中，做到了深度的情感链接，为他人提供价值、礼物和惊喜，慢慢成了陌生人和大咖的朋友。她认为世界是缺少爱的，即使是非常富有的大咖，也同样希望得到别人的关爱。她的一个小小的举动，就能让别人非常感动，她也因此加深了彼此的链接。

除了情感链接，我们还能通过提供价值，来链接陌生人和大咖，因为陌生人再厉害，大咖再牛，也会有需要别人帮助的地方。有一个叫小D的男孩，他得知我的朋友弗兰克要招助理，便主动请缨来到了深圳。虽然他刚毕业，技能也一般般，但是他愿意学习，通过申请助理和数次沟通，他成功地与大咖搭上了话。

除此之外，他人在工作中遇到困难，而你恰好擅长解决这类问题，你就可以通过提供自己的技能，与你想要搭话的人建立更深的感情。

我有个好友是儿科医生，我发现她的朋友特别多，而且大家也对她印象特别好。通过聊天我才发现她的情商特别高，她说："如果要与一个大咖搭话，非常简单，我每天给他打赏一块钱，虽然钱不多，但是我每天打赏，一个月不行，我就打赏两个月，并且在公众号留言，这总能引起大咖的注意，这是初步搭话。再进一步，就是购买大咖的书、参加大咖的课程和社群，还有线下课。如果大咖的活动我去不了，还可以给他送花和蛋糕。"

"大咖有活动有广告要发，我就帮他转发朋友圈并且@他；他要出新书，我有书店资源就帮他筹备新书签售，我有媒体资源就主动提供资源对接。对于半熟人，我也会和他说有什么需要我帮助的跟我说之类的。"就这样，所有和她打过交道的人都非常喜欢她。

还有一个知名记者，有一次我向她请教关于新闻稿的事情。聊着聊着，她道出了自己与知名艺人、明星大咖相处的秘诀。她说，刚成为记者的时候，自己没有任何经验和背景，想要采访大明星非常不容易。她通过微博等渠道私信明星，并自报家门并说明来意："我是某某报社记者，想采访您"。如果能获得采访机会，她便尽自己最大的努力将采访稿写好，并争取最好的资源。明星线下有活动，她如果到场就一定会去采访，如果不能到场就会主动送蛋糕和鲜花。

她说明星也是人，也需要别人捧场和支持。一次一个非常有潜力的作家开签售会，她主动帮他联系大咖帮忙捧场站台，帮忙对接媒体资源。她还曾经在"小岳岳"不知名的时候采访过他，后来她想采访郭德纲，就是"小岳岳"帮她牵线搭桥，获得了采访的机会。

以上几个故事，说明了所有的利他、情感链接与付出，是与陌生人和大咖深度链接、获得好感的桥梁。

另外，主动寻求帮助，也可以帮助你与想要搭话的人进一步链接，但前提是求助前要考虑关系是否到位。虽然心理学上说请求别人帮忙能够增进感情，但还是要看这个忙是举手之劳，还是麻烦之事。如果你要麻烦他人帮你解答疑惑，务必要记得先发个红包。得到回复和帮助以后要表示感谢，顺势再次增进彼此的感情，比如：您方便给我个地址吗？我送个小礼物给您表示感谢。

另外，如果你想将求助的过程发朋友圈，公开感谢大咖，并提醒对方去看的话，截图时需征求对方的同意。

综上，如果你想要与陌生人和大咖搭话，必须学会角色转换，知道对方需要什么，并且和他产生链接，产生感情，产生关系和产生信任。

产生链接的方法，可以通过同一个群，通过公众号，通过微信朋友圈，通过线上和线下的活动等；产生感情可以为他提供惊喜和礼物，小小的礼物有非常神奇的效果；产生关系可以购买他的产品服务、提供资源和帮助，这些都是赢得好感的不二法门，同时也可以与他产生更多关系；产生信任就需要多与他聊天、交流并经常问候，有了共同的朋友和圈子以后就可以产生信任。总之，链接的最好方式就是互相成就，交人也是交心。

如果你身边有哪些人是你想搭话的，那么从现在开始，按照上述方法来制订链接别人的计划，尝试与他搭话吧！

让人际关系资源充满"黏性"

想要通过微信与陌生人火热开聊，跟进客户和重要合作的时候，最重要的一点就是利他。

私聊时要避免 5 个坑

要想成为私聊中最受欢迎的人，最重要的一个法宝就是站在别人的角度思考问题。如果是你不喜欢的沟通方式，别人也不喜欢。对此，我总结出5个在私聊需要避开的坑。

第一个坑：发语音长消息

你正在开会，收到了一条长语音消息，你听还是不听呢？你肯定会想："这个人真讨厌，明明几个字就能说明白的事情，非要发一条60秒的语音。听的话不仅要花60秒的时间，而且很不方便，不听又不知道你说了什么。要是你说的是普通话我可以把语音转化成文字再看，如果不是，根本就无解。"

有时候我看着别人发来的一条又一条几十秒长的语音，

感觉真的就像夺命连环call一样。比如同事给你发来了28条语音消息,你好不容易听了12条,结果接了个电话再打开微信听语音时,不记得刚才听到了哪一句,又要重新听……你的内心是不是很崩溃? 其实说白了,喜欢给别人发长语音消息的人就是自私,因为这种方式方便了自己,却苦了别人。可能别人正在开会或者出席某些重要场合,或者在比较嘈杂的环境下,听语音信息非常不方便。

我们都知道,在传达同样信息量的前提下,听语音花的时间,要远远高于看文字信息的时间。你狂发语音,节约了自己的时间,却浪费了别人的时间。可见,发语音会显得你非常没有礼貌。除此之外,发语音会有两个弊端:

第一,语音无法搜索保存。尤其是语音中涉及一些重要的信息,如需要回看人名、时间和地点等信息时,文字信息只需要搜索一下即可找到聊天记录。而语音信息则需要一条条点开听。

第二,和文字信息相比,语音信息会耗费他人更多的时间。我们可以在60秒的时间看上千字,但一条60秒的语音包含大概300字。

第二个坑：群发广告

微信是一个强关系、私密的聊天软件，只要加了好友，每个人都可以直接给你发消息，这非常方便，但有时候也会给人造成困扰。除了上面说的长语音，我们也会非常讨厌群发的广告消息，相信不少人都很反感这种，特别是传统微商。

为什么大家会讨厌广告满天飞？

第一，看广告浪费流量，而且现在流量用得快，还特别贵。如果不是在wifi环境下看广告，则会让人很恼火。

第二，微信是私密空间，没有人喜欢被广告打扰，就像你在一个私密的聚会里不想被推销员打扰是一样的。

第三，广告是无效信息，招人讨厌。每个人每天都很忙，经常看到这种无效信息会很浪费时间，所以这种广告会很招人讨厌。

如果你一定要发一个广告怎么办呢？

我曾经为了宣传自己的课程，录过一段1分钟左右的视频发给好友，内容大概是："你好，我是你的好朋友阿佳，今天发这段视频有两个目的，第一是我要发福利了，第二是我要搞事情了。首先非常感谢你支持我、认可我，参加了我的朋友圈课程。最近抖音非常火，有的人一个月就涨了百万粉丝并且导流到微信。相信你也会对抖音感兴趣，为了感谢你的支持，我整理了一些抖音干货送给你。有很多朋友问我升级课什么时候出来，其实这个课程我已经准备半年多了，但是为什么一直还没有上线呢？因为我希望我的课程口碑非常好，所以我也希望你能给我一些建议，在领取抖音干货以后帮我做个课程小调查。如果你对这个课程感兴趣，也对这个调研感兴趣，可以在我的朋友圈第一条点赞。后续我会统一邀请点赞的朋友进群，以后课程有进一步的消息，我也会在第一时间通知你。"

最后，有非常多的人回复了我的消息并表达了感谢，那条朋友圈点赞数将近2000个，接着我建了3个500人的群，然后开始群发广告。但是大家并不反感，反而非常感激我送了抖音的干货，同时为志同道合的人建了微信群一起交流。

所以，做同一件事情，方法不同，效果会完全不一样。

第三个坑：总爱问"在吗"

互联网的诞生让大家的沟通效率越来越高了，但是有两个字一直在拖后腿，那就是"在吗"。

每次看到对方发"在吗"的时候，相信很多人跟我一样，会觉得非常烦人。回还是不回呢，这是一个问题。回的话，不知道他会说什么；不回呢，又想知道他找你什么事。如果当时没有时间立即回复，过了几个小时你去问对方有什么事，他很可能就不理你了，或者又要很久才回复。如果你立即回复对方，还要先回一句"在，什么事"，然后你俩才能开始说正事，这一来一去，完全是浪费时间。

问"在吗"看似是礼貌，担心打扰对方，想先看对方是否忙碌、是否在线，实际上是在浪费大家的时间。

有一个学员经常参加各种大咖的课程，成功加到了一些大咖的微信，并且和他们保持着良好的互动。很多人都非常羡慕她，那她是怎么做到的呢？

比如，她加我微信的时候是这样留言的："阿佳老师，您好。我是您朋友圈的营销学员张三，一个在深圳打拼的化妆师。很荣幸加到您的微信。听了您的课，我受益匪浅，也正在努力实践，以后有问题我会再请教您。我知道您忙，不用着急回复，以上信息供您备注。另外我跟我的公司说了您在朋友圈营销领域非常专业，公司也认可您，如果可以，想邀请您来给我们做个培训，麻烦您在方便的时候和我微信或者电话沟通一下。"

她这样的留言方式我很喜欢，首先她知道我很忙，没时间聊天，所以先将自己的情况介绍一遍。其次，彼此拉近关系以后，她将自己的事情一次性说清楚。最后，她替我着想，不求马上回复。很多时候，对方看到这种表达方式以后，会感受到你的诚意，看到后很可能会及时回复你。

和其他人沟通的时候也是一样，你将要说的事情一次性说完，对方收到就能马上回复你，不浪费彼此的时间。

第四个坑：群发测试清粉的消息

"感谢你把我留在好友里，系统正在清理删除拉黑我的人，勿回……打扰请见谅。"

每次收到类似的信息，我都很无语。遇到这种好友，我一般都会默默地把他拉黑，再也不见。为什么会有那么多人讨厌收到这种信息呢？如果我是你的微信好友，我收到这样的群发消息，会觉得自己不被尊重。我认为被打扰了，这种感觉非常讨厌。这也是无效消息的一种，浪费双方的时间、流量、感情。

如果你确实要清除僵尸粉该怎么办呢？正确的方法应该是，在不打扰好友的情况下清除已经拉黑你的好友，市面上也很多这种工具，比如 We Tool。

第五个坑：求点赞、求投票、求转发

相信大家经常会遇到这种情况，朋友圈里一些不常联系的人突然给你发信息，你以为是啥事，结果对方给你发消息说："请帮我朋友圈第一条点赞，谢谢。""快来帮我朋友圈第一条点赞吧，集88个赞，领89元羊排券，感兴趣的话可以转发！""朋友圈第一条，投下票！"

原来对方是让你帮忙给宝宝、家人投票、点赞，出于礼貌，你可能就帮忙了。没想到对方又说："每个人每天可以投3次，每次可以投3票，这个活动到10号截止，记得帮我投。"你可能突然就很来气了，这难道成了我每日的任务了吗？其实我经常能收到这种信息，关系不熟的我都当没看见，如果发我超过3次，我就会拉黑对方。关系熟的一次两次可以，多了对

不起，我们也再见吧。

　　这些要求别人帮忙投票、点赞、转发的人，每个人的朋友圈里都有，帮你是情分，不帮是本分。在求别人帮忙的时候，需要先考虑别人的感受，很多事情都要控制好度，不要没有求得对方的帮助，反而因为打扰别人，被一大堆朋友厌恶。

　　求点赞、求投票、求转发，和前面的几个禁忌一样被别人讨厌的原因，也是因为大家觉得被打扰了，是无效信息，而且特别麻烦别人。

　　可见，在人际交往中，"有礼貌"可能已经是最低的要求了。不求你处理好所有好友的人际关系，最起码也要懂点礼貌。希望大家在微信上要注意这些基本的社交礼仪，避免以上5个大家普遍反感的行为，否则你真的很容易被拉黑、屏蔽。

　　微信是个非常好的社交软件，方便我们和朋友沟通，但如果没将微信用好，它很可能毁坏你的形象。我相信以上行为有很多人犯过，没关系，以后多注意，避免犯错就可以了！

4招，让私聊快速破冰

在用微信和别人聊天时，我们总会避免不了和陌生人打交道，初次认识，大家不免感觉有些尴尬，那么在私聊过程中如何快速破冰呢？

下面我来分享几个我与陌生人火热开聊，破冰、建立信任的小技巧。

技巧一：介绍自己

为什么很多人没有通过你的好友申请呢？很可能是你没有说明加对方的理由。加好友时，你一定要注意表明来意，你的目的、身份，你与他的关系。打消对方的疑虑，好友验证才能更容易验证。比如你加我为好友时，你可以说自己是我的课程学员，这样你就更容易获得我的通过。而我添加别人为好友时也会先自报家门，例如我是某某群的阿佳，我是某某的朋友阿佳，这样填写好友验证更容易获得验证通过。

另外，还有很多人加好友以后就把别人晾在一边，让对方对你一点印象都没有，所以添加自我介绍很重要。

怎么做自我介绍才能吸引陌生人呢？第一，突出你的职业；第二，突出你的特长；第三，突出你的社交圈；第四，突出你的成绩；第五，突出你的价值。因为能够吸引对方的往往是你的职业特长、社交圈，你有过什么样的成绩，你能够提供给别人什么帮助。换位思考，你看到别人的好友申请，肯定也会有疑问："他是谁？他是什么背景？他为什么要加我？找我什么事？"

有一个学员加了我以后是这样介绍自己的："阿佳老师您好，我是某某某，目前在深圳福田工作，从事房地产行业，很荣幸有机会参与你的课程学习。"这个介绍虽然比较简单，但也简单地说清楚了他是谁，我们怎么认识的。

再看一个案例：高小尚是我一个社群里面的小伙伴，他加我时是这样说的："阿佳你好，很高兴通过某某社群和你结缘，我是在苏州工作的外企供应链经理，也是主要讲职场技能和职业生涯规划的兼职讲师。以上信息仅供备注,暂不打扰,有机会再聊,晚安。"

他直接说明他仅想加个好友与我产生链接,而因为当时已经比较晚了,他主动结束了聊天,又说了晚安。他的个人介绍让人感觉非常舒服,通过简短的文字,就让我知道了他的职业、特长和资源,我马上认为这个人值得留在我的微信朋友圈中。

我主动加别人为好友的时候,也会做一个简单的自我介绍,通常是:"某某,我是阿佳,我通过某某群看到了你的发言和自我介绍,吸引了我加个好友方便链接。我是今日头条千万阅读签约作者,朋友圈营销领域知名"大V",单个课程有20w学员。以后多多交流,时间不早了,不用回,晚安。"如果比较晚,我同样会主动地礼貌结束对话,而不会喋喋不休。

后来跟几位朋友聊起,他们说很早就对我印象深刻了,因为我会主动介绍自己,而很多人都是加了好友却一个字都不说。

我曾经还因为在一个行家群里的自我介绍,而获得了一个重要的合作机会。当时某个平台的运营人看过我的自我介绍后对我念念不忘，一直寻思着什么时候有机会合作。后来机会来了，她私信我说："老师你好，再次自我介绍一下，方便你直接粘贴，用于备注。我是某个平台的课程策划，您在优质行家群里面做的自我介绍让我非常震撼，我一直想找机会与您合作。"

后来我们合作了一个价值近千万的课程，也就是我的成名课程作品："朋友圈营销实战课"。经过数万次验证，我的学员都跟我说自我介绍实在是太神奇了，让他们成功获得了陌生人、客户的信任，拉近了彼此的距离，还让他们获得了人际关系资源和关注。

技巧二：先从简单易答的问题问起

什么意思呢？比如，一些学员加了我之后说："老师好，我参加了你的某某课程，好想跟你沟通交流。""阿佳老师，在吗？我好迷茫啊，不知道要做什么，也不知道自己适合做什么，你骂醒我吧！""阿佳老师，我想翻身，我该怎么做？"

这些对话都属于无效沟通。我对于你的情况一点都不了解。你说你很迷茫，你不知道自己适合做什么工作，叫我骂醒你；问我想翻身应该如何做。问题在于我不认识你，你自己都不了解自己的话，我怎么可能了解你呢？这些都是非常开放性的问题，别人很难回答。即使想回答，一句两句根本也说不清楚。

比如说"你骂醒我吧"，我需要问你是做什么的，你的特长是什么，你为什么迷茫等问题，这样沟通非常浪费时间。而且，对于陌生人这种非常脆弱的关系，是不适合这样子做的，因为你还不能确定对方是否愿意跟你聊天。

正确的做法应该是，问一些简单易答的封闭式问题。比如："我看到你成立了一个宝妈社群，一年做了1个亿，做的产品就是蜂蜜吗？""我听你说你喜欢吃辣的，你是四川人吗？""你是潮汕人吗，好巧我也是！"……这样对方就很容易接上话。

技巧三：通过赞美拉近距离

如果你想要跟别人拉近距离，一定要会赞美对方。

比如，我要加一个平台的运营人为好友，但是我跟他不熟，那我该怎么办呢？我可以先给他发一个红包，然后再说我加他有什么事，过程中夸他一句，例如"年纪轻轻就有这么超前的思维，真是太厉害了！"

后来我们聊了很久，就因为一个小红包和一句赞美，我们之间的距离就被拉近了。

技巧四：套近乎

怎么去套近乎呢？我们可以从相同的经历、相同的圈子、相同的兴趣等方面去套近乎。比如我要加一个妈妈为好友，那我就可以说："啊，你也有两个孩子啊，男孩还是女孩啊？"这样我们就有共同的话题了。

也可以说我们是在某个微信群认识的，比如我发现这个人是深圳的，我可以这样说："啊，你也是深圳的呀！"这样我们就可以火热开聊了。

有时候，可能拉近距离还不是你的最终目的。如果你希望与某个人快速建立信任关系，应该怎么做呢？最简单的两个字送给你：利他。

如何利他呢？有以下5个思路。

第一，你能够提供给对方需要的人际关系资源。比如一些学校的关系，或者一些合作机会。

第二,你可以提供给他人想要的某些平台。比如发展平台、电商平台、流量平台和朋友圈公众号等。

第三,活动奖品的赞助。比如说某个人要办活动,你能够赞助小礼品、贺卡,或者你能发一个小红包,这些都是能够马上破冰、建立信任的。

第四,分享资源。那么应该怎样分享资源呢?这里需要用户思维。我们可以用发散思维去想一想,客户到底需要你提供什么帮助和资源?你能提供给别人什么资源?如果没有资源,你是否可以利用自己的能力去帮助对方?比如你会做漂亮的PPT,你会设计,你会写作,或者你会做社群运营,等等。以上只是举个例子,因为每个行业的目标人群所需要的东西和帮助是不一样的。

再举个例子,比如说我想认识某个自媒体人,我发现他好像需要一些出版资源,那我就可以想想自己是否有相应的资源可以介绍给他,像中信、磨铁、人民邮电出版社、中国铁道出版社等。

又比如,有个孕妈现在要生小孩子了,她想找个月嫂却不知道去哪里找,而我刚好请过两次月嫂,感觉还不错,那我就可以主动将人介绍给她。这种在求助或麻烦别人的过程中进行的资源分享，就拉近了双方的距离，增强了彼此的信任度。

第五，微信红包。关于红包的作用我后面会详细介绍，在这里简单说一下。微信红包其实是一个非常好的快速建立彼此信任关系的方法。如果我想链接某个人，或者想找人帮忙的时候，主动发个红包，一般对方会不好意思拒绝你。但要注意，红包不能太小，也不能太大。曾有人一上来就给我发了一个3000元的红包，可把我给吓坏了。也有人找我帮忙，结果给我发了一个8毛8的红包，也让我很无奈。

一般来说，红包都会图个好彩头，或恭喜，或鼓励，或感恩。你可以用小金额比如5块2表示"我爱你"，6块6毛6表示"666"，8块8毛8表示"发发发"；对于比较有分量的人，建议你发66元或88元；如果你有求于他，而且他能帮到你，那你就可以发168元、188元、200元。对方可能会意外地说："啊，这么大的包，谢谢老板"，进而将我定义成一个懂得感恩，且值得交往的人。

说个小故事，曾经有个女孩子通过微信群知道我签约了今日头条，于是主动加我，并直截了当地问我签约的问题，同时附带了200元的大红包。我跟她并不熟，也没有见过面，本来没想帮她牵线搭桥，但因为她发了一个红包，迅速让我觉得她的格局很大，就帮她对接了头条的负责人。后来她成功签约了今日头条，每个月的固定收入都不菲。

所以，红包是一个很神奇的工具，可以让别人对你产生好感和信任，让别人觉得你有格局、大方得体，进而对后续合作有非常好的效果。

综上，想要通过微信与陌生人火热开聊，拉近彼此的距离，最重要的一点就是利他。自我介绍能让对方迅速了解你，打消顾虑，而利他能快速让他对你产生信任，而其中红包则是一个神奇的催化剂，记得用起来。

小小红包炸出潜水党

"这个人是谁？""我什么时候加他为好友了？"你是不是也有过这样的疑问，很多人在微信加了好友以后就把别人晾在了一边，不介绍自己，也不备注对方是谁，嘘寒问暖就更少了。有的人可能觉得当时没有什么话要跟他说，现在跟他聊天也很尴尬，不知道聊什么。

如果你不知道跟别人聊什么，我建议你最好先做一个自我介绍。有些朋友可能会想，我去他的朋友圈多互动一下就好了。其实除了点赞以外，我们还有更好的拉近彼此关系的方式。

首先，知己知彼，方能百战不殆，我建议大家先看一下他的朋友圈，判断他是一个什么性格的人，他的家庭情况、背景、工作等等。你可以给他比较有趣的朋友圈点个赞，做个评论。

如果你们有共同点，比如她是两个孩子的妈妈，你就可以私聊说，原来你也有两个小孩呀，这样你就和对方链接上了。

如果有他特别美、特别帅气的照片，你还可以赞美他："哇，你的衣着品位太高了，穿这件白色的衣服显得非常有气质。"如果你发现他有些能力非常棒，而你在这方面又有所欠缺，那么你就可以以请教的口吻来拉近彼此的距离，比如你可以说："哇，你的短视频做得好棒哦，这个是通过什么软件做出来的呀？"

其次，通过发红包拉近彼此的距离。微信是一个社交媒体，而我们跟客户或者朋友的交往也是社交。我们可能是在跟朋友私聊，或更多地在微信群里聊天。微信群里非常嘈杂，但只要我们愿意花时间、花精力不断地深入挖掘，不断地"混"群，不断地与大咖交流、互动、链接，你就会发现微信红包在社群营销和个人品牌里具有非常大的价值。

一是进入新社群时，如果没有人来介绍你，你就会发现，发一个红包再自我介绍，就会有很多人冒泡表示感谢，接下来的交流就会非常顺畅了，因为没有人不喜欢红包。

从陌生到熟悉，往往只需要发一个小小的红包就可以了。

就像两个不认识的男人想认识对方，递烟就可以了，"哎，大哥抽根烟。"春节时发红包至少都是5块、10块，但在微信里，很多人都是几毛几分地发。如果你想要跟别人区别开来，那么一定不要太小气。别人发几分、几毛，你发个一两块或更多，比如说6块6毛6、8块8毛8，这样你就能与别人有明显的区别，增强别人对你的好感和印象。无论去哪里，红包先行一定招人喜欢。

二是节假日发红包。节假日时，很多人只知道在群里领别人的红包，却从来不给别人发红包。这样一来，别人虽然可能知道你是谁，但却没有人能记住你，大家记住的一定是那个经常发红包的人。

比如"中秋节赚钱课"的群里有一个叫高大叔的人准备组织大闸蟹团购，但群里卖大闸蟹的人有四五个，于是我就建议他们进行演讲，由大家投票选出唯一的供应商。最后高大叔得到了52票里面的48票，也就是将近93%的票数。

为什么他会得到这么高的票数呢？为什么大家都支持他呢？

首先他在演讲之前就给大家发了红包，而且连续发了好几个，可能金额不是很多，却让大家对他的好感增加了。他在演讲结束以后再次给大家发了红包，这让大家觉得他非常有亲和力，而且情商很高。而其他几位没有一个发红包的。在投票没开始前很多人就说"高大叔我投你一票"，结果显而易见。

三是请教问题的同时发送一个红包，一方面可以增进彼此的感情，另一方面别人看到你的红包或者领了红包，总不能不跟你说话吧。

我经常会给大咖发红包，但都是在请求帮助，或者请教问题的情况下才发的。首先是我确实有事要请教，其次是我认为大咖的时间非常宝贵，是需要付费的。如果大咖或者是普通人觉得你尊重他的时间，那么他也会尊重你，并且因为你的高情商而对你产生好感。

四是可以激活"死群"。真正厉害的人总会时不时地往群里发红包。他们一开始不说话，看一段时间红包的领取情况，来测试微信群的在线情况，继而发现哪些人是真正关注这个群的。如果你想激活这个群，那么你就可以邀请领取了红包的铁杆粉丝进入"小灶群"。

五是助力朋友圈传播。做朋友圈营销时，借助微信红包会产生事半功倍的效果。比如你可以先给关系很好的朋友发个红包，让他帮你转发一下朋友圈，这种转发概率会非常高，但是一定要私聊。

另外就是在群里，注意一定要往关系比较好的群里发红包，在大家抢完红包以后再加上一句话，请抢了红包的小伙伴帮我转发一下。

六是感谢他人。每到节假日或者是固定的时间段，你可以通过微信红包来感谢别人。比如我做训练营微信社群时，会有很多运营官小伙伴帮我一起运营。帮我不是他们的义务，所以我会发红包感谢他们的付出。同样，如果有别人帮助过你，你一定要发个红包作为感谢。这样一来，别人不但觉得你情商高，还会觉得你是一个非常值得交往的人。

除了红包以外，你还可以送礼物，比如中秋节我送了很多箱猕猴桃。收到我送的礼物，不仅能够增加我们的感情，同时对方可以感受到我的用心，进而会非常开心地发朋友圈，因为每个人在收到礼物的时候都会非常开心。

微信红包除了以上价值外，还具有非常多的营销妙用。

比如活跃群的气氛；比如有很多熟人的微信群通过红包接龙，可以调动微信好友的参与度，保持微信群的活跃度；比如红包抽奖，发3个红包，手气最好的人获得一份节假日礼品；比如通过红包让大家一起参与头脑风暴、用户调研投票，借助群体的智慧得出最好的方案和数据价值。

朋友圈点赞之外的"高级姿势"，除了自我介绍、评论好友的朋友圈、私聊好友、提问、请教、求助以外，红包是一个非常有价值的自我营销工具。根据以上红包妙用，赶紧给你最想发红包的人发个红包吧！

跟进重点客户的方法论

精细化管理微信好友非常重要，它会帮我们避免卖产品时乱发广告，导致被重要客户删除、拉黑或屏蔽。这一内容我在前文已经讲过了，下面主要说的是我们该如何跟进重要客户并与他们达成合作。

第一，把重要的客户和人打上星标，备注标签，添加客户的描述信息。你点击好友名片右上角的"…"，将重要的客户或者大咖设置为星标好友，他们会出现在通讯录的前排位置，你可以随时关注他们的动态，看他们更新的朋友圈。

如果你加了一些比较重要的人，但是他经常发广告，而你又不方便把他删除的话，你还可以设置朋友圈权限，不看他的朋友圈，或者不让他看你的朋友圈。

如果我加了一些比较重要的人，或者是我想要学习的对象和榜样，我就会把他们设置为星标好友。因为我的微信好友非常多，刷朋友圈的话，我很难刷到他们的内容。直接从通讯录的星标好友点进去，你就可以关注他的朋友圈动态，及时跟他互动、点赞或者评论了。

第二，消息管理。以如何处理微信群里的聊天记录为例，如果某个聊天记录非常重要，那么你可以长按这个聊天记录以后点击"更多"，然后勾选这些聊天记录以后，你会看到下方有一个盒子一样的图标，点击它就可以收藏了。收藏以后你可以直接给聊天记录添加标签，再次搜索消息时，你就可以根据消息的标签来管理消息了。

比如，我看到一些不错的文章时就会将其收藏起来，并编辑一个标签。这样一来，我既可以拿它做写作素材，又可以将它作为课件案例，或者作为发朋友圈的素材。

第三，聊天背景。有一些潜在客户，你可能是在线下的活动中见过的。你也许参加了很多活动，但不可能记得每个人长什么样，时间长了，你对他的印象就会模糊甚至完全不记得他是谁，你可以在朋友圈的备注里添加你和他的合照，也可以将你们的合照添加为当前的聊天背景，那么每一次你跟他聊天的时候，就知道这个人就是照片里的人。

第四，聊天置顶。我们现在可能会加很多群，比如我就有三四百个群，那么我们该怎么管理重要的聊天内容呢？我会将这些重要的群进行置顶，或者某一个重要的人置顶，或者是将自己置顶，这样就可以随时关注到这个群或者这个人的消息，不会被消息淹没了。我会将一些比较重要的聊天记录或者文字发给自己，然后我就可以定期点进去查看。

第五，客户关怀，即CRM（客户关系管理）。以前我在腾讯商务部的时候，就是负责客户关怀的事情。客户关怀就是要给每一位新客户建立客户档案，将他们的名字、生日、地址全部记录下来。节假日时给客户寄礼物。相信很多公司都有这种客户关怀，但是作为个人，可能有很多人都将其忽略了。

如果我们想要跟一个大咖或者重要的客户保持良好的关系，客户关怀就是一个必不可少的环节。我在做个人品牌训练营、社群营销训练营、研习社时，会招募社群的运营官，他们都是想要学习如何运营社群的人。我会不定时地给他们发红包，也会在节假日时给他们邮寄礼物，因为他们也是我的重要客户。收到礼物时他们会非常开心，因为在我这里，他们既能学到东西，还能收到礼物。这样一来，他们会更加认可我，和我的关系也会更亲近。

所以，跟进重要的合作和客户，拼的不只是产品，还有你与客户之间的感情。我送给客户的东西不一定很贵，但是一定要用心，一定是自己用过、吃过的好东西。比如一次中秋节我送的是猕猴桃，不贵，但是非常好吃。客户们收到之后都非常开心，在群里或者发朋友圈说猕猴桃非常好吃。

在线上谈多少遍，都不如在线下见一次面，不如送给对方一份礼物。跟客户接触的次数越多，他对你的印象就越深刻。就像异地恋，如果你们一直只是打电话或者用微信聊天，总感觉缺了一些助推剂。而如果有一天对方突然送了你一个实物礼品，你就会觉得这个人是真实存在于你的身边的。所以你如果有重要的客户，建议在节假日或生日的时候送给他们礼物；有重要的事情时也可以说一句"恭喜"，然后送给对方一个礼物。礼物可以是红包，也可以是实物。当然，红包花了就没有了，实物能让客户在看到它的时候想起你。

第六，给客户发消息时，一定要带上客户的名字。如果你想把某个消息或者广告发给客户，不要群发消息，而是带上客户的名字，这就会让他觉得你是在跟他一个人讲，这个消息是专属的。我会给学员根据他们报的不同课程而备注不同的标签，合作伙伴和客户也一样会有标签。当我发课程广告时，就单独发给我的学员。如果一定要群发广告，也尽量避免让他觉得你这个广告是群发的。

其实，在跟进客户和重要合作的时候，我认为最重要的两个字就是"利他"。做客户管理就是要想清楚自己能够为客户做些什么，直到他们感动，认可你。客户的利益永远大于我们的利益。做到了利他，客户就会越来越多，甚至不需要任何销售技巧。

你可以试着将自己的重要合作或者客户重新梳理一遍，并分析一下自己还有哪些地方没有做到位。

线下活动怎么做，才能升级朋友圈关系

很多人都在问，为什么要把朋友圈好友从线上拉到线下，在现实中见面呢？因为见过面，人际关系会有更加微妙的改变，比如人与人之间会更加信任，会觉得彼此很亲切，进而帮助你实现人际关系升级。

那么该如何将线上的虚拟人际关系拉到现实生活中见面，实现人际关系的升级呢？就是通过活动策划，具体包括见面的类型、如何组织活动、邀约参加、组织活动中的细节，等等。

先简单说明一下活动的主要类型：饭局、沙龙。

饭局就是三五个人或十个人左右的没有明确分享主题的小型聚会，主要以交流聊天、增进彼此的感情为主。沙龙活动是指一些志趣相投的人，聚在一起相互探讨和交流的一种非正式的聚会活动，也可以叫沙龙交流会。

影响力变现：
你不必讨好所有人

如果你想升级人际关系，建议你成为活动的组织者，或者主动在活动中分享，成为活动的分享嘉宾。这样能够扩大自己的人际关系网，并且扩大自己的影响力。

做活动策划，需要明确以下几个方面：

第一，活动的目的：是为了维系感情、探讨问题，还是为了销售产品、打造个人品牌。

第二，活动规划：规划活动举行的时间、地点、活动流程、主题、招募文案、费用预算、活动宣传渠道、邀请分享嘉宾、活动赞助、最终统计、主持人和摄影师等。

关于活动时间。在组织活动时，如果你想要更多人参与，就要考虑人群在什么时间段比较空闲。比如，如果活动对象主要是上班族，那么周一到周五他们都是没有空的；如果是全职妈妈或者是自由职业者，他们的时间则比较自由；如果人群比较综合，那么最好选择周末，这样可以保证更多的人有空参与活动。定了日期以后，需要提前至少两周时间进行策划和宣传。如果临时组织活动，很多人是没有空的。

关于活动地点。要根据预计的参与人数，和交通的便利性筛选活动场地，并且要提前预订。因为活动场地一般都非常抢手，很多活动方都会提前预订场地。为了活动效果好，还需要提前到场地去踩点，看看是否真的适合举行活动，达到自己想要的效果。

确定好活动的流程和主题。流程指的是具体的时间段里做什么，比如饭局的时间可能比较短，我们是选择午饭、晚饭，还是下午茶，下午茶是从几点到几点？

交流的主题是什么？围绕着趋势发展探讨，还是围绕大家的近况？这个都要提前根据人群来定好。比如我的学员都是朋友圈营销的学员，那么我举办学员聚会就是以朋友圈营销、打造个人品牌为主题。

招募文案。定了活动主题以后，就要开始写活动招募文案，如果是比较简单的饭局活动，我们只要写一个朋友圈文案就可以了。如果报名的人数比较多，最好建一个报名链接，可以在"互动吧""活动行""金数据"等APP上建立报名链接。

费用预算。举办活动肯定涉及费用，我们要做好费用预算，这个预算包括活动场地的费用、物料费用、茶点饮料费用等。我们要根据预算和总体的费用，提前交一点费用，多退少补，也可以在活动完了以后平摊。

活动的宣传渠道。宣传的渠道可以是微信群，也可以是让参加活动的人转发朋友圈。比如我有个朋友组织的活动叫作"大Ｖ饭局"，那么就要对参与这个活动的人设置门槛，比如参与者的粉丝必须在10万以上，活动的费用采用ＡＡ制。这样，活动的质量才会高。

邀请分享嘉宾。如果你组织的是沙龙交流会，就要邀请正式的嘉宾，每个人都希望能在活动中有所收获，这样，他们就会觉得这个活动办得好，不枉他们来参加。

如果你口才不好，不会分享，那么该怎么找嘉宾呢？非常简单，你只要在参与活动的小伙伴里面挑选一个能力比较强的人，问他是否愿意做分享嘉宾即可。如果是大型活动，你就要提前定好嘉宾，考虑什么样的嘉宾与此次的交流会契合？他的需求是什么？一般来说，如果是大型活动，嘉宾想要的是活动的影响力和个人品牌的曝光。你只要告诉他参与者有两三百人，并且你们会帮他拍照，这次活动是一个扩大影响力、打造个人品牌的机会。只要时间上没有问题，对方一般都会答应参加。

比如我要组织一个新媒体人员的交流会，那么参与活动的朋友肯定都想听自媒体大咖的分享，那你就可以在身边的朋友或者大咖里去挑选，私下与他们沟通。最后记得要送个小礼物，感谢嘉宾，并且把他拍得帅帅的或美美的照片和视频发给他。如果可以的话，写一篇通稿帮他发几个媒体宣传一下，他会更感谢和喜欢你哦！

活动赞助。如果这个活动是一个有300人左右的大型活动，你还可以去邀请商家合作，拉一些奖品赞助费、场地赞助费。同时要开始准备活动物料，包括易拉宝、横幅、海报、小手册、小礼品等等。

如何与赞助方沟通呢？你要告诉对方你的活动主题、人群画像、参与活动的人数、能够给对方带来的好处、你需要对方的资源支持，没有人会免费给别人赞助，除非活动能够共赢。

最终统计。在活动临近前，我们要统计好参加的人数，确保通知参与活动的朋友知道活动的时间、地点，以保证他们能够准时参加。

找好主持人和摄影师。如果你想要活动效果更好，并且扩大活动的传播率，就要提前找好主持人和摄影师。一个好

影响力变现：
    你不必讨好所有人

的主持人能够让活动更加正式，起到画龙点睛的作用。一个好的摄影师能把活动的精彩环节记录下来，方便你和参会的朋友在朋友圈做二次传播。

比如2018年6月我在广州举办了一次学员见面会。活动的类型是饭局，目的是和学员见面，增进感情，交流探讨，增强黏性，同时通过活动扩大自己的影响力，打造自己的朋友圈、个人品牌，因为大部分人拍了照片以后一定会发朋友圈，我也会发朋友圈。

活动的流程是参加活动的朋友自我介绍、嘉宾分享、交换礼物、大合照。因为有交换礼物的环节，所以要提醒所有参与饭局活动的朋友带一份礼物，用来与现场的朋友进行交换。活动的时间是周末的晚上6点到10点，因为有一部分人是上班族，白天要上班，而周末大部分人都有空。

在活动策划的过程中，我安排了助理和广州分舵的舵主作为活动总策划。在广州分舵群和其他学员群公布了活动，建了活动群并发布了活动的报名链接、活动方案与活动费用。参与门槛是必须是阿佳老师的学员。由于并不是大型活动，所以我并没有找商务合作赞助奖品或者赞助费用。

因为要用随机抽奖的方式分送礼物，所以我把场地选在广州地铁附近环境舒适的咖啡厅，预算是不需要场地费，每人消费在50元左右。最后将报名的人全部拉到当天的活动群中。提前安排好摄影师和主持人。邀请自愿参加场地布置的同学提前到达场地，帮忙布置场地物料。提前确认是否有麦克风，还有桌子、易拉宝的摆放，提前为大家订餐。

在活动过程中，由主持人来把控整个活动的流程。第一个环节是自我介绍，每个人控制在5分钟左右；第二个环节是嘉宾分享，我当天的分享时间在20分钟左右；第三个环节是礼物交换环节，签到时每个人抽一个参加活动者的名字，抽到哪位同学，就把自己准备的礼物亲自送给他。最后是合照，不仅有大合照，每个人还可以随意合照。

那次活动以后，参加过广州见面会的同学感情都特别好，后来他们自己又组织了几次见面活动。可见，线下活动能够将线上的虚拟关系拉到线下的现实中来，并且加深彼此的交往深度。

综上，想要将朋友圈人际关系升级，一定要学会策划活动，将朋友圈的好友拉到现实中来。组织活动的核心是要选择合适的时间、合适的地点、合适的宣传渠道、合适的流程、合适的策划组织人，如果有朋友愿意参加，可以拉上朋友一起来策划。

不可忽视的"引爆"策略

一个好的内容营销，不仅能够告知消费者为什么要选我的产品、服务或者品牌，而且能让产品方初步和消费者建立链接，以便于未来其他营销策略的执行。

如何发出一条"高赞"朋友圈

经常有学员问我："阿佳老师，为什么你随便发个朋友圈就会有几十、上百个赞，我的却没几个赞呢？"大家可能会好奇，点赞和评论人数多的朋友圈，都有什么共同点呢？在回答这个问题之前，我们最好先弄明白这个问题，即哪些人的朋友圈容易被拉黑和屏蔽，以及容易让人反感呢？

我的朋友阿玲，未婚的时候喜欢自拍、秀恩爱，经常用九宫格刷屏朋友圈；后来成为母亲后，她又开始天天秀宝宝，九宫格、小视频一刷屏就是十几个，连微商都没有屏蔽的我，最后屏蔽了她。你觉得你的娃很可爱,别人可不一定这么觉得，因为宝宝与你有血缘关系，跟别人可没有，晒娃可以，但不能过度，否则只会让人反感。

我的另外一个朋友林慧，休完产假以后没上班，做了全职妈妈，她闲来无事想找点副业做做，赚点零花钱，于是她开始在朋友圈里卖货。她每天都非常努力，不断地发产品图，一个月之后，她被很多好友屏蔽拉黑了。因为朋友圈是一个私密的社交环境，大家都不想被广告刷屏，这种刷屏行为是朋友们非常反感的。

所以，你可以回忆一下自己有没有发过以上提到的那些朋友圈状态。其实除了以上提到的那些我们经常看到的朋友圈状态，朋友圈点赞的人少的原因还有以下几点：

第一，微信好友少。由于你的朋友圈人数有限，朋友圈内容可展示给的受众有限，所以获得的点赞少。

第二，和我的朋友一样，朋友圈内容管理出了问题，朋友圈内容不受他人喜欢。

第三，你的微信好友中很多都是社交达人、大咖、业务销售，他们的微信好友很多，无法经常刷到你的朋友圈动态。

第四，你发布朋友圈的频率太高，好友出现了审美疲劳，尤其是喜欢刷屏的微商，相信没有人愿意去给他们点赞。

第五，可能因为你是一个不太受欢迎的人。

第六，可能因为你对大多数人来说可有可无，暂时没有什么价值，他们自然不需要关注你的朋友圈，也不需要讨好你给你点赞。

第七，你的微信好友很多，但是他们没有经常刷朋友圈的习惯。

结合以上几种情况，你可以思考一下你的朋友圈状态点赞少的问题所在。

我以前在腾讯时的男领导很少发朋友圈，即使发朋友圈，也一般是新闻文章链接，非常无趣，我们有很多共同好友，但是并没有什么人给他点赞、评论。我朋友圈里一个创业公司的女领导经常发一些有趣的内容，她的照片均经过精心拍摄与筛选，文案也经过设计，因此有很多人留言、点赞。在我的授课群里一个学员柚子妹，她是一个刚毕业不久的职场新人，大家都很喜欢看她的朋友圈，因为她的朋友圈总是充满正能量，她发布的照片和文案都经过了精心设计，所以每条朋友圈都至少有几十人点赞互动。

结合这3个例子，我们可以总结出，想要你的朋友圈状态获得很高的赞，我们需要注意以下几个基本要素。

第一，发到朋友圈的图片要精美，至少不能质量太差或拍得太丑,因为每个人都喜欢美好的事物。图片可以适当使用滤镜和美图APP进行修图,现在用得比较多的滤镜APP有美颜相机、美妆相机、潮自拍、FaceU激萌相机、相机360等;修图APP推荐使用美图秀秀、天天P图、微商水印相机等,比Photoshop方便多了。

第二,内容形式有优先级,效果好坏依次是自拍、一句话+一张图、一句话+若干张图、一段话+若干张图。你在朋友圈中试过之后就会发现,一张图的效果比多张图效果好,因为它刚好适应整个屏幕,可以整张看完;一句话效果比一段话效果好,因为一句话一眼就能看完。配图的张数最好是1、2、3、6、9,如果你使用的张数是4、5、7、8,图片整体则会缺一个角。

第三,内容要有趣,且与你相关。每个人都有了解他人生活的欲望,如果你总是发链接和鸡汤,别人会觉得你很无趣;如果你总是发自拍,也会让人觉得你自恋。正确的做法应该是,除了发自拍,你的朋友圈还应该包含你的生活、情感(亲情、友情)、工作,以及一些正能量的内容,让好友能看到更多角度的你。比如,我今天参加了什么活动、有什么收获;今天母亲节，我给母亲DIY了一个蛋糕；今天我在公司加班；今天我去哪里旅行了；我看到了某个新闻、某个段子、某个社会热点，写下想法或者感受，等等，这会让他人看到一个活生生的、有温度的你。

我的朋友圈配图一定会经过用心地拍摄和修图，如果拍得不好，我宁愿不发。我的朋友圈的点赞数和评论数基本都是几十、上百，其内容包含我的工作、我参加的活动、我的家庭生活、正能量。当然，我也偶尔会自黑、发段子和晒工作成绩等，比如我的今日头条阅读量已经有1400多万。我会让好友看到正能量、有趣、幽默、有干货、有温度等不同维度的朋友圈，让大家对我好奇，忍不住关注我。

当然，如果你的微信好友不多，就需要去拓展一下自己的好友圈，比如参加社交活动、线下活动、兴趣社群、课程培训等。这样一来，除了可以多交朋友，说不定你还能解决自己的终身大事。比如，我的一个腾讯女同事32岁了，本来担心找不到男朋友，但通过参加一个项目经理的培训，结识了现在的老公。

第四，朋友圈的发布时间。发布一条朋友圈，不是说你什么时候有内容就什么时候发，发布的时间非常重要。我曾经投放过多次朋友圈广告，对朋友圈的活跃时间用数据做过调研分析。一般来说，大家在以下4个时间段会比较活跃：早上6点到9点的上班高峰期，11点半到12点半的中午休息时间，18点后的下班高峰期，22点的放松时间，是大家刷朋友圈的高峰期，因为大家忙了一天，放松下来后会和朋友聊天、再抢个红包。而23点以后发朋友圈，会被第二天早起的人看到。

在上面4个时间段中，18:00~23:00是朋友圈最活跃的时间段，所以最好的选择就是在这个时间段内发布朋友圈，相比在其他的时间段发布朋友圈，你朋友圈状态被看到的概率要高很多，点赞和评论数也要多很多。

第五，朋友圈配文要抓人眼球，文案要描述自己的心情感受，结尾最好有一个互动。比如，你可以在结尾写上"你觉得哪个好？"一般人都喜欢帮助别人，所以你提出问题，热心的人都会给你建议。

第六，成为朋友圈里有价值的人。比如，分享干货、提供给他人想要的资源、带头组织活动等，这些都能体现你的价值，让好友不自觉地关注你。

第七，要与好友保持互动。平时，你要积极地给朋友点赞，真诚地给他们评论，和他们私聊问问近况，这些都能够增进彼此的感情和关系，让你和对方不只是点赞之交。这样，别人自然也会惦记你、关注你。

第八，塑造你的朋友圈形象。一个性格色彩鲜明的人更容易被他人记住、喜欢和关注，比如幽默有趣的、有正能量的、喜欢讲段子的、喜欢进行干货分享的，无论哪一种，都会吸引到喜欢你的人。

正如马斯洛总结的那样：人作为社会的动物，除了生理上的需要，还有安全上的需要、情感和归属的需要、被尊重的需要和自我实现的需要。所以，你希望别人给你点赞，你也需要给他人点赞和评论。

综上，想要朋友圈获得高赞，就要注意今天讲到的8点，用心去运营和设计好自己的朋友圈。

打造价值"10万+"的朋友圈就这几招

很多人只是把朋友圈当作分享生活的平台，并没有把它当回事。其实，每条朋友圈动态都是可以用价值估算的。

我们在工作中经常会讲到KPI（Key Performance Indicator的缩写，关键绩效指标），各大公司每年年底都会将第二年的全年目标提前定好。其实，我们的朋友圈价值也是可以提前量化的。假设你觉得你的朋友圈价值千万，你每天发5条朋友圈，一年365天共发朋友圈1825条，1000万除以1825条，那么你的每条朋友圈则价值5479元。既然我们的每一条朋友圈都那么贵，你是不是应该更加好好地发朋友圈呢？

我曾经帮一个朋友销售他的课程，利用一条朋友圈卖了6万多，我也收到了五位数的分成。慢慢地，越来越多的人知道我的朋友圈粉丝特别精准，转化率也高，于是有越来越多的广告公司来问我。"阿佳，你的朋友圈怎么报价？"当第一次有人问我这个问题的时候，我想起了以前在公司上班时拿到过一份朋友圈的报价单，当时这个报价单里面有很多意见领袖，他们的一条朋友圈报价1500元到10000元不等。后来我就开始给自己的朋友圈定价，并且更加珍惜自己的朋友圈了。

当越来越多的商家和企业知道朋友圈转化率非常高的时候，有一些商家想出了朋友圈的合作方案——租借朋友圈。比如，只要你的朋友圈有300以上的好友，那么一个月的租金是150元。这个时候你是不是应该想一想为什么有些人的朋友圈租金是一个月150元，而有些人的一条朋友圈价值1万元呢？你的朋友圈价值多少钱，你应该怎么报价才合适呢？我们应该如何衡量和量化自己朋友圈的价值呢？

我的一个学员叫左叶子，是一位刚毕业不到一年的保险公司的业务经理。去年某一天她突然发微信跟我说："佳姐，我发了一条朋友圈，日收入了10万元，我可以给我爸爸买车付首付了。"看到消息我惊呆了，一条朋友圈价值10万元！

还有一个微博博主猫小姐，她的微博粉丝在40万左右。她平时会分享一些自己化妆和护肤的心得，但是她并没有将粉丝引流到朋友圈。后来她听了我的朋友圈课程以后，觉得朋友圈是一个非常有价值的媒介，于是她在微博中告诉粉丝自己的微信号，成功将3000个忠实粉丝导流到微信朋友圈，并通过在朋友圈销售自己的护肤品、代餐、化妆工具等，在第一个月实现了200万的销售额。

看完这些案例，你一定在想：怎样才可以发出一条价值超过10万+的朋友圈呢？

你需要具备以下条件：

第一，高质量的粉丝和好友基数。如果你想发出一条价值超过10万的朋友圈，必要条件是你的朋友圈粉丝的质量一定要足够高，让他们认可你、信任你。

那么左叶子和猫小姐是怎么做的呢？

左叶子是做保险的，她从大学起就开始理财，所以她通过在随手记理财公众号等平台写理财的文章，和在付费社群里分享自己的理财知识和经验，来吸引一些喜欢这些内容的人。具体操作是，她通过豆瓣、贴吧、理财论坛、公众号、线下活动等找到适合自己加入的圈子,然后加入不下十个理财群、学习成长群,并且花时间在群里与大家积极互动,不知不觉地就吸引了认可她、对她感兴趣的人。

猫小姐则是通过微博分享自己的化妆心得、护肤心得和自己对美丽的理解和价值观,吸引认可她、追随她的粉丝。通过持续不间断地输出微博内容,她吸引了很多喜欢她的人关注她。

第二,高情商互动。你要知道如何与他们沟通交流,平时如何维护与他们的关系。比如你要经常给他们的朋友圈点赞、评论,在节假日的时候要主动问候,在他们有需要的时候要主动帮助,平时要主动与他们交流,解答他们的疑惑。

比如群里面有人提出与理财相关的问题,左叶子就会积极热心地回答,或者私聊帮他解决问题。节假日的时候她会发红包问候,嘴巴还特别甜。她也经常评论好友的朋友圈,及时与好友互动。而且左叶子有着鲜明的性格特点,她喜欢用有趣的表情包和接地气的段子突出自己的性格,进而让潜在客户喜欢她、学习她、崇拜她。

第三,朋友圈经营。比如,你可以在朋友圈里面分享自己的生活日常、工作日常、你的价值观等，让别人通过朋友圈了解真实的、正能量的你。并且通过线下活动的链接、微信群里的经验分享，加强朋友圈好友对你的认可和印象。

比如左叶子卖产品，她会告诉大家自己对这个产品的理解和体验，说明这个产品好在哪里，把客户使用后的体验告诉大家，让大家解除后顾之忧，等等。而且她不在朋友圈刷屏式地卖产品，平时也很少发广告，这样在无形中赢得了好友的好感和信任。

她的那条价值10万＋的朋友圈是这样写的："大学就买了18份保险的左叶子，从业以来从没有发过重疾保险广告的小叶子，今天要给你们推荐一款特别靠谱的重疾保险，要把第一次保险广告的满满心意给你们，你们期待吗？"她先说出自己有购买多份保险的经验，引出自己要发一条保险广告，并且使用了俏皮的语言和互动式的文案，让好友的接受度极高。

第四，你的产品。如果你想发出一条价值10万＋的朋友圈，就要与你的产品、价格、利润挂钩。当你的朋友圈好友对你产生信任时，你推荐的产品只要是他需要的，他的买单率就会很高。但是如果你的产品客单价很低，想要一条朋友圈产生10万＋的价值，也要靠增加销量、增加好友的基数才能达成。比如我的个人品牌训练营售价599元，只需要有167人购买，该条朋友圈即可价值10万＋。所以我们选择的产品也非常重要，应该选择刚需、符合趋势、复购率高、价格适中、利润率较高的产品，比如面膜、护肤品、化妆品、服装、课程等。

综上，你想要发一条价值10万＋的朋友圈，需要具备以下几个先决条件：

第一，你需要有大量的精准、高质量的客户基数。

第二，你要提高情商，与潜在客户高品质地互动和链接，提升彼此间的感情与信任度。

第三，朋友圈要用心经营。你不能只发广告，要通过晒自己的生活工作日常、亲情、友情、爱情等，让大家更加了解你。

第四，产品要足够有优势，比如产品的质量、利润率和复购率要高。

另外，你在发朋友圈的时候不要群发，分组发给有需要的人即可。因为，如果你发给了不需要的人，他们会慢慢地讨厌你。

最后，你可以对照以上4个条件，看看你还有哪一项还做得不够好，是好友质量不够高？还是你的情商不够高？抑或是你的朋友圈经营得不够好？或是你的产品不够好？

朋友圈内容的"小"心机

什么样的营销最有效？答案就是内容营销。

那什么是内容营销呢？简而言之就是通过内容塑造自己的形象，与消费者、读者建立关系链接和信任。一个好的内容营销，不仅能够告知消费者为什么要选我的产品、服务或者品牌，而且能让产品方初步和消费者建立链接，以便于未来其他营销策略的执行。

想要做好朋友圈的内容营销，你要有几个"小"心机。

发布时间：前文已经提到过，早上上班路上、中午午饭时间、晚上下班时间、晚饭后睡觉前，这几个时间段大部分人都在刷朋友圈，所以我们在这几个阶段发朋友圈最适合。

发布内容：不要无限制地刷屏，因为内容的质量比数量更加重要。我们发布的应该是对他人有价值的，能够吸引好友关注，并且会让经常看你朋友圈的人对我们产生信任。这些人会成为我们的粉丝，甚至帮我们转发朋友圈，介绍客户给我们，成为我们事业上的合伙人。

内容形式：朋友圈支持的内容形式有图片、照片、海报、截图、文字、小视频、文章链接、投票链接、网站链接等。我们可以通过内容制作软件来完成自己所需的内容，比如处理图片可以使用创客贴、微商水印相机，视频制作可以使用VUE、趣推。

互动内容：我们不能只在朋友圈发广告、发自拍，还要通过提问、猜一猜、求助等方式与好友互动，这样我们才能够激活朋友圈的好友。

发布频次：一天建议不要超过6条，如果不是在上面提到的时间段发，看到的人则不多。如果我们在高峰期刷屏，别人基本上会略过或者直接屏蔽我们。除非这个人是我们的忠实粉丝，或者喜欢看我们的内容，或者想买我们的产品。

输出内容：我们只有不断地输出内容，才能让更多人认识我们，收获认可我们的粉丝。同时，我们要输出多种形式的内容，来适应不同人群的内容形式偏好，突破单纯的链接和文字图片。在这里，我给大家提供几种方法，来保证大家有足够的内容可以输出。

第一，我们可以通过百度、搜狗、微信公众号、微博、抖音、知乎等自媒体平台去寻找素材和灵感。因为这些平台上有很多内容创作者，也许他们发布的某些内容、素材，甚至一个故事、一句话就能激发我们的灵感。比如，在百度和搜狗搜索关键词就能获得海量信息；微信公众号、微博、抖音、知乎等平台有很多优质创作者在创作各种各样的优质内容，涉及职场、金融、汽车、娱乐、历史、生活小窍门、美妆、护肤、穿搭、情感等领域。

第二，除了通过以上自媒体，我们还可以通过个人故事来获得素材。比如，我们可以问朋友和同事对我们印象最深刻的事情；问爸爸妈妈、爷爷奶奶关于我们小时候的事情。大家都喜欢听故事，而每个人都有独特的故事。如果我们觉得自己有可以帮助读者的故事，如个人经验、团队成员的经验、我们的创业故事或者客户的故事，那么就一定要在朋友圈分享出来。

第三，如果这些故事还不够，那么我们可以写别人的故事。

找人做访谈，通过别人的经历、别人的故事来写内容，这些素材都是取之不尽的。

第四，我们还可以在论坛、贴吧上看别人的帖子和回复。有时候很多内容本来不火，却会因为一个神回复而变得更加有趣，吸引更多人观看。

第五，看聊天记录，比如看自己所加入社群的群员的聊天消息，他们的观点和讨论的事情也能成为我们的内容素材。

第六，个人意见领袖的朋友圈、微博也会写很多内容。

第七，我们经常看的电视、新闻、网站也是获得素材的好地方。

以上这些方法足够让我们获得源源不断的内容。

知道了在哪里获得素材以后，我们应该如何构思内容呢？

确定内容主题：我们可以写下与这个主题相关的问题和需求。比如，我要写一个关于"朋友圈好友如何相处"的内容，那其他人对这个主题有什么需求呢？可能是知道如何处理人际关系；知道如何提高情商，给别人留下好印象；知道如何破冰，如何沟通，如何增进感情。而针对这些需求和问题，我们可以想一下应该写什么样的内容。

事件分析：具体事件具体分析，我们可以针对这个主题进行观点分析、案例分析。

实战技巧：比如关于朋友圈好友相处的实战技巧、使用场景。

信息资讯：比如关于其他自媒体，在"朋友圈好友该如何相处"问题上的信息资讯，或者是心理学上的一些权威资讯。

心得体会：比如你在朋友圈好友相处的一些心得体会。

事件评论：比如你对一些错误的朋友圈好友相处方式的评论。

数据分析：比如说你做了用户调研，或者通过微信、百度等做的数据分析，通过这些数据分析来证明自己的观点，或者提出自己的观点。

确定了内容类型后，你可以通过一些辅助工具来帮助自己更好地输出内容。比如云端笔记工具，包括有道云、印象笔记等，它们能够帮你储存看到的网络素材，记录你的灵感，而且能够电脑和手机同步。我写文章时就是通过幕布、

XMind等工具先做好思维导图，再用印象笔记或有道云笔记来输出内容。手机和电脑同步的好处是，手机可以用语音输入，以提高输出效率，再用电脑端修改不通顺的语句或者错别字。无论是写朋友圈文案，还是公众号文章，或者是记录素材灵感，这个方法都是通用的。

现在抖音非常火，有很多人在抖音里拍各种各样的内容视频，比如生活小窍门、美食、舞蹈、画画、励志、减肥、穿衣、拍照、搞笑视频、正能量视频、语言教学、家庭相处等，我们也可以录制合适的短视频，让读者更加立体地了解我们。

我有一个学员是胃肠科医生，他对打造个人品牌或者经营朋友圈非常不自信。后来我跟他说，你可以试着去做抖音。结果，他发的第一条抖音视频就有400万播放量，让更多的人了解到他是一个有着15年胃肠科经验的医生，他也快速获得了6万多的粉丝。

朋友圈的内容包容性特别强，我们不要局限于图片或文字。如果你的声音特别好听，那么你可以录音频，把音频的链接分享到朋友圈。如果你画画特别厉害，那么你可以把你的作品拍成小视频或者照片分享到朋友圈。如果你做美食特别厉害，你也可以拍小视频或者美食的照片，然后分享到朋友圈。

结合上面的方法，你可以尝试增加朋友圈的内容形式，让你的朋友圈好友更加立体地了解你。

让你的活动引爆朋友圈

我曾经写过一篇文章叫《圈子决定你的票子》，将自己在不同圈子中的收获、思维的变化和成功经历分享给大家。结果，当时只有1000粉丝的我，文章的阅读量居然超过了粉丝的好几倍，我是怎么做到的呢？具体如下。

第一，写任何文章，一定要分享自己的经历、收获和变化。我会通过文章和朋友圈告诉受众哪些方法对他们有帮助，我通过这些方法和思维获得了什么，将其一一列举出来，就会非常真实。

第二，提到熟人的名字，一定要记得@他，提醒他查看。朋友圈有提醒好友查看的功能，如果你的朋友看到了你的文章，发现你在感谢他，或者你的文章对他有帮助、有启发，他是否会转发这篇文章呢？我相信大部分人都会这么做。

第三，你可以把这个消息或者文章，一对一地发给和你关系较好的朋友，跟他说你现在正在做什么事情，需要他帮忙转发或者助力。如果觉得不好意思，可以给他发一个小红包。我发现我每次一对一发消息请求别人帮忙时，被转发或者分享的次数都会非常高。

为什么会出现这样的结果呢？从心理学上讲，大部分人天生都爱帮助别人。每次我在朋友圈求助的时候，我的评论区互动都远远大于其他内容。你只要要求了，一定会有结果；即使有一些人不回复，也只是极少数，不必在意，只要获得好的结果即可。一对一请求时要记得写出他们的名字，这样他们才会觉得这条信息是专属的，而不是群发的。这样，他们的回复概率也会大大提升。

除了主动请求好友帮你转发朋友圈，你还可以通过策划活动的小技巧帮助自己引爆朋友圈，比如投票活动、团购、集赞、转发送礼物、优惠活动、扫二维码活动等。

第一种，投票活动。比如你可以发"万能的朋友圈啊，帮我投票吧，竞选最萌宝宝。选28号，我的侄子，谢谢大家"。

第二种，团购。如果你想做一个团购活动，那么产品品质要好，一定要成本低利润高；要有活动时间限制，比如抢购时间仅限中秋节之前；要设定团购的规矩，比如100个以上才算团购成功，每个人只能购买一件或两件。

团购的最大作用是能够提升我们的影响力，或是帮助我们实现朋友圈或者微信群引流。如果想要通过团购活动引爆朋友圈，引流到个人微信号，就要注意提前准备好话术：为什么别人要加你的微信？加你的微信有什么好处？

为了保证团购活动成功，最重要的是选择一个适合做团购活动的媒体，朋友圈和微信群就是非常好的媒介。注意，团购活动的产品折扣力度一定要比平时大很多，只有这样，消费者才愿意参与团购，并且帮忙转发朋友圈，邀请更多的朋友参与到团购活动中来。

团购活动的产品描述一定要让消费者产生购买的冲动。文案一定要有价格对比、产品描述、产品体验、客户证言。比如我有个学员激萌前段时间做了一个猕猴桃的团购活动，引爆了朋友圈："市场上的猕猴桃都卖88元，我的只要19.9元，猕猴桃是我一个非常要好的朋友种的。原产地一手货源，朋友寄了一箱给我，超级甜、超级好吃。现在正在做中秋节让利的活动，限时限量30个只要19.9元，活动只有3天，几号几点开抢。"这个活动不赚钱，但却引流了非常多的精准客户到微信号。

第三种，集赞。这类朋友圈活动主要是通过优惠或者福利，让朋友圈好友帮你转发，并规定集赞的数量，让活动出现在更多人的面前。比如集够38个赞,来店里消费享六折优惠;集赞的活动目标对象是宝妈，集赞38个可以免费参加一次早教公开课。

第四种，转发送礼物。对于微信好友来说，只要有奖品，一般人都会转发。文案参考："现在我们因为什么日子或者节假日要送福利了，复制转发此条朋友圈可以领取什么奖品。限时限量，心动的赶快行动起来吧！"

第五种，优惠活动。这类活动的优惠力度一定要足够吸引人。比如"香港冰皮月饼在天虹商场的售价是398，现在我这里只要238就可以买到了"。正值中秋节，活动的优惠力度又很高，所以它对朋友圈的好友非常有吸引力。

第六种，扫二维码活动。比如用福利或者免费课程吸引微信好友扫码，扫描的二维码最好有一个期限，给微信好友营造出紧迫感，给人一种错过了就再也没有机会的感觉，这样就能进一步提高微信好友的参与度。而且这类活动最好和节假日配合，比如"双 11"活动；或者用比较权威的讲师或有吸引力的选题来宣传活动，比如"没钱没人脉，如何通过朋友圈月入过万"。

综上可知，微信朋友圈活动成功的诀窍无非是以下两点：

第一，必须是微信朋友所感兴趣的活动。

一般来说，想让微信朋友圈活动勾起微信好友的兴趣，就需要经过一段时间的调研才能实现。那么应该怎么做调研呢？我们可以对微信好友逐一访谈。你可以问微信好友："你印象最深刻的活动有哪些？你最不喜欢的微信活动有哪些？你喜欢哪些形式的微信活动？你最讨厌哪种形式的微信活动？"从访谈的过程中挖掘出微信朋友对微信活动的喜好，然后将他们回答的内容整合在一起，筛选出合适的内容，再将这些内容结合到自己的活动中。这样策划出来的活动，就能够勾起微信好友们的注意力，促进他们参与。

第二，必须是能让微信朋友以互动的形式获利的活动。

你可以通过游戏的方式来吸引微信好友的注意力，比如用红包来让微信好友获利。有一个朋友是这样发朋友圈的："领红包开始啦，摇骰子摇到6发1.58元的红包，摇到5发1.28元的红包，摇到4发1元的红包，摇到3发0.88元的红包，摇到2发0.5元的红包，摇到1发0.38元的红包。加完微信，复制本条信息包括二维码，发到自己的朋友圈然后截图给我。小小红包，不成敬意，希望不要嫌少，动起来试试自己的手气如何嘛！"

此外，在微信朋友圈做活动时，要注意一定要图文并茂，让朋友圈的好友有视觉冲击感。图文并茂的朋友圈比起纯文字的朋友圈，更容易吸引微信好友的注意，特别是有美感的图片。在发图片的时候最好发1张、2张、3张、6张或9张，这样就不会被那些有强迫症的微信好友所讨厌。

赶快策划一个引爆朋友圈的小活动吧，小步快跑先实操起来。

提升形象的秒回技巧

　　相信很多人在做客服、销售、商务沟通、营销活动、咨询、用户调研时，经常会遇到这样的场景：朋友圈加了很多好友以后非常焦虑，不知道该怎么合理利用好友；有太多消息需要回复，每次都要花很多时间回复各种问题……

　　在我的朋友圈，也经常有人问我："阿佳老师，你每天那么忙，有很多人找你，有很多消息要回复，但是你总能秒回，你是怎么安排和处理的呢？"

　　以前做商务拓展时，我经常要跟合作伙伴谈合作，每遇到一个新的合作方，我都要跟对方说一下我是做什么的。然后对方又会问你有没有公司简介？你们公司有什么资源？有什么合作方式？然后每次我都会重复地介绍自己，重复地打字，重复地找资料、发资料，总是感觉很厌烦。

朋友圈是我们经常使用的沟通工具，如果我们能学会快速回复，就可以节省很多时间，同时也能让对方感觉非常愉悦。他们会觉得你的沟通效率高，是一个做事非常靠谱的人，进而对你产生信任感和依赖感。

那么，有什么方法可以帮你做到快速回复信息呢？

第一，选择一款可以快速输入文字的语音软件。在微信上直接给别人发语音，不能让对方直观地看到有效信息，不仅耽误别人时间，也会让人很反感。那么语音输入软件就很好地避免了以上的问题。同时，语音快速输入文字软件还可以应用在回答问题、写文章或者记录灵感等各种场景中。

在这里，我想推荐两个语音输入软件给大家，第一个是讯飞输入法，第二个是搜狗输入法。

讯飞输入法的识别速度非常快。罗永浩曾在锤子发布会里面推荐讯飞语音，他在1分钟内说了很多话，语速非常快，但讯飞语音快速识别了他的话，文字识别的准确度也很高。讯飞输入法的中文识别准确率可以达到98%，同时也支持方言输入，包括粤语、四川话、河南话、东北话、河北话、客家话、贵州话、甘肃话、云南话等19种方言。更神奇的是，它还支持语音修改文字。在电脑中，我们同样能够使用语音输入法来协助我们完成大量的文字输入工作。

搜狗语音是多个语音输入软件里面，文字识别准确率最高的软件，但它的缺点是语音的识别速度不及讯飞。

除了讯飞输入法、搜狗输入法，还有百度输入法、QQ输入法等都有语音输入功能，同样兼顾手机版和电脑版。它们都可以将语音内容转换为文字，你可以根据自己的喜好或者日常习惯选择使用。

第二，下载一款语音输入软件，将自己经常要回答的问题输入在常用回复里面。每当你需要回答同样的问题时，就可以直接发送给对方。

经常有学员加我微信咨询我各种各样的问题，而我非常忙，对时间管理要求又特别高。为了提高工作效率，我将很多常用回复（比如收件地址、用户调研问卷、信息收集链接等）收藏在微信收藏夹里。除了常用回复，也可以将自己经常需要发的资料、文章，比如公司简介、个人简介、产品简介、资料、文档、表格等也放在收藏夹里。这样一来,当你有需要时，你就不用再去翻找邮件或者电脑了，只需要从收藏夹里直接发送给对方即可。

如果你是公司的客服、销售或者商务人士，你可以编辑一些客户经常问的问题的答案、话术，放在常用回复里。这样，每次客户咨询问题，你都能够快速回答，使对方觉得你专业、反应灵敏、效率高。

如果你经常需要用到自我介绍，你可以把自我介绍编辑好，存在便签或者提前设定好的常用回复里，也可以将自我介绍的文字收藏在微信的收藏夹里并打上标签。等到你需要时，可以直接从微信的收藏夹里，或者从快速回复里，或者从便签里直接复制出来给对方。

自我介绍非常重要，它可以让一个陌生人快速了解你、信任你、认可你。所以，提前准备好得体的自我介绍非常重要。我的收藏夹里有很多版本的自我介绍，遇到不同的人，我会发不同的自我介绍。比如，我发给培训机构、企业的自我介绍，就跟发给新媒体平台的自我介绍不一样。发给前者的自我介绍需要的内容更多，包括培训的照片、培训的视频、培训的资格、企业经验等；而发给其他平台或者个人的自我介绍，只要用文字介绍我的成绩和领域的专业程度即可。如果每次都重写，那至少要花费我十几、二十分钟的时间，而如果将这些资料提前存好，我就能够随时随地快速回复了。

又比如我正在招募个人品牌训练营的学员，学员付款以后会发送他的付款截图给我，有的学员备注是训练营，我就需要发送一段固定的文案给他，比如"请将你的付款截图发送给我"，对方发送了截图给我以后，我需要再发一段固定回复文案"收到截图，请你填写一下个人登记信息，并将截图发送给助理，她会给你发送录取通知书，并邀请你进群"。在这个阶段，每次都有几百个学员给我发截图，如果我每次都重新打字、重新找链接，会非常耗时间，而通过设置快速回复，会节省非常多的时间。

如果你需要做一个营销活动，你可以提前将所有客户曾经问到过的问题全部列出来，再针对这些问题组织好话术，然后发给客服或者销售。最后帮你的运营人员或者客服设置一段常用的回复话术，这会大大提高他们的工作效率，还能够让客户对你产生信任感和依赖感。

综上，我们在日常工作中，经常要用到朋友圈，会添加各种各样的陌生人，无论是新同事、新朋友，还是需要进行交际和谈判的合作伙伴，学会使用语音输入软件来进行快速回复，将常用的问题答案提前设置在常用回复里，将经常会用到的资料文件链接收藏在微信收藏夹中，可以提高你的回复速度，并树立你在对方心目中的靠谱形象。

第六章

DILIUZHANG

变现朋友圈影响力

维持人际关系的最好方式，是给对方带去价值，这样才有意义。人际关系变现是一种本事，高质量人际关系资源是一个人事业和职场的加速器。

人际关系资源变现的 7 条路径

　　我们一生会结识非常多的人，但是很少有人懂得去梳理自己身边的人都有什么价值，不知道这些人能不能帮自己进行变现。人际关系变现是指把人际关系变为财富，这个软技能在个人职场或者生意场的影响力方面里排名第一。

　　人脉即钱脉，圈子决定票子。所以人们都在拼命地发展人际关系资源，比如拉关系、赴约会、送礼吃饭、花钱学习、花钱进不同的圈子。其实，维持人际关系的最好的方式，是给对方带去价值，这样才有意义。

　　但要注意的是，人际关系变现与人情变现是两个不同的概念，人情用一次就少一次，用一次就要还一次，人际关系则不一样。有的人越用感情越好，人际关系越多资源越多；有的人越用越没人帮忙，人际关系越来越少。为什么？其实，人际关系变现的道理，就是在获取自己利益的同时考虑对方的利益。

人际关系变现是一种本事，高质量的人际关系资源是一个人事业和职场的加速器。

人际关系变现的方式有很多，具体如下：

第一，合作。

如果你能找到跟你优势互补的人，可以互相借助对方的资源来做成一件事情。比如薇安老师的微信公众号粉丝比较多，她擅长演讲，而我则擅长朋友圈和社群营销，擅长变现赚钱。如果我们能一起合作，就能利用对方的优势进行互补、达到共赢，实现"1+1 > 2"的效果。

第二，投资（找投资方）。

做生意或者做项目的时候，我们有可能需要找投资方。如果这个时候你的朋友有投资方的资源、创投公司的 VC（Venture Capital, 即风险投资）资源，那么你就很有可能找到天使投资。

怎样才能找到天使投资人呢？你可以加入一些创业圈子，比如我在腾讯有一个离职员工的圈子，叫作"南极圈"，这个圈子专门帮助腾讯离职员工在创业找需要的人，也帮腾讯系创业人士做创业培训，里面也有很多人做VC（风险投资），圈子也可以对接VC资源。如果哪天我有项目需要天使投资，这些人就可以帮我变现了。

第三，借势（扩大影响力）。

在前文我讲到要结识一些势能比自己强、粉丝比自己多、能力比自己高的人，这些人在关键时刻能够让你借势。那么你该如何借势呢？如果你想提高自己的影响力，你可以多和牛人合照，能经常和牛人合照，说明你也是牛人。你可以经常参加高端活动，或者和大咖学习。因为这些高端活动或者学习的价格都是非常贵的，也从侧面告诉别人你收入很高，才能舍得并参加高价学习。通过借势和形象的塑造，你能获得更多的人和平台的认可，获得更多的合作机会和成交机会。

第四，卖货，产品变现。

当你的朋友圈里有了各种各样的人以后，我们还可以通过卖货来赚取利润，从而实现变现。你可以根据你的用户构成、用户画像来选择产品。比如你的朋友圈中女性居多，那么你就可以卖服装、护肤品、化妆品、母婴用品等；如果你的朋友圈里都是爱学习的人，那么你就可以卖知识付费产品；如果你的朋友圈里有非常多的高端人际关系资源，像高级白领、公司管理人员等，也许你还可以"卖"人际关系、搭建社群。

第五，咨询，内容变现。

除了卖产品，你还可以卖服务，比如咨询、设计、文案等。你可以梳理自身的技能和特长，看看有什么适合在朋友圈里面变现。比如有的学员是设计师，那么他就可以在朋友圈里接受设计委托；有的人写文案比较厉害，那么他就可以在朋友圈里做文案咨询或者文案写作；有的人比较擅长营销咨询，那么他就可以在朋友圈里为好友做一对一咨询。

现在有很多平台可以提供咨询服务，比如"在行"。有很多人在这个平台上提供咨询服务，比如职业生涯规划、理财、保险、电商、育儿等，只要你有擅长的就可以。我在该平台的咨询服务费是一个小时1000元左右。

第六，广告，流量变现。

如果你有了足够多的朋友圈好友，就会有非常多的广告商找你打广告。比如我的朋友圈里就有非常多的学员，因此有很多知识付费平台、培训机构、电商公司找到我，想要我帮他们打朋友圈广告，一条广告收费在四位数到五位数之间。

目前朋友圈的广告报价是1元1个好友，因为朋友圈的黏性和转化率、精准度、到达率要比公众号高，所以粉丝单价也比较高。

第七，人际关系资源变现。

如果你有升职或者换工作的需求，又恰好认识一些大公司的人力资源或者员工，有了他们的内部推荐，你就很容易进入该公司。

比如我原来在腾讯工作，有个朋友想进入腾讯，通过我的介绍和腾讯员工的内推，他跳过人力资源筛选简历的步骤，直接进了面试环节，并且在一个月内正式入职，这就是人际关系的资源变现。他的工资一下翻了2~3倍。

人际关系变现的路径不只有以上7条，大家可以根据自己所认识的人的类型、自己的情况和项目去认真思考和梳理，希望以上内容能给大家提供一些变现的思路。

用精准引流找到你的用户

互联网时代，微信的精准性和互动性让不少人看到了其中的商业价值，于是便有了微信营销的火爆蹿红。很多人开始把钱投入到产品当中，但事实是你的手上并没有客户，当你把钱都投入之后，你发现货根本卖不出去。于是你就病急乱投医，加各种群，什么人都加，看到人多的群就两眼发光，觉得"哇，这些都是我的客户，只要我群发消息，一定会有人买我的产品或者服务"。

其实这都是错误的。你要知道自己的客户是谁，他们在哪里，给出他们购买你的产品的充分理由，找到适合自己的精准引流方式才行。

那么具体应该怎么做呢？

学会分析用户画像

你可能要卖产品，或者只是纯粹想打造自己朋友圈的个人品牌。如果是前者，那么你就要首先考虑定位和拉新的问题。

首先，定位问题。即你需要的是什么客户，用户画像是什么样的，包括年龄、性别、爱好、他会出现在哪里等。比如做美妆护肤品的，精准客户应该是在25~35岁之间，有一定消费能力的女性。她们可能是美妆或者护肤的小白，喜欢看如何化妆或者护肤的文章、视频甚至课程。

如何才能知道产品的用户画像呢？最简单的就是问你的上家或者卖货给你的人：都是什么人来买，他们的年龄、性别、购买理由，你是在哪里找到这些客户的，如果问不出来只能靠自己。这里为大家介绍两个工具，一个是百度指数，一个是微信指数。你可以通过这两个工具查一下搜索这些产品关键词的都是什么人，百度指数可以看到他们的年龄、性别、喜欢关注什么、哪个省份区域的人搜索得最多。比如搜索关键词"减肥"，是30~39岁的人最多，女性占了70%以上，北上广深、杭州、郑州占比最多。这说明一线城市的已婚女性更关注减肥，她们是你的目标用户、精准客户。微信指数可以看到搜索哪个关键词的人更多，比如搜索"减肥""瘦身""女神""身材"的，"减肥"和"女神"的搜索指数是最高的，有500多万，"身材"是200多万，"瘦身"是80多万。如果你要写软文，"减肥"和"女神"可以给你带来更多的流量和关注。

其次，是拉新问题，也是精准用户问题。假如我们所销售的产品价格区间是在300~500元，而你所引流的客户消费能力只在10~50元，那转化率肯定低。又比如我的朋友圈粉丝都是营销学员，而我去卖大闸蟹的话，转化率自然也低。如果中秋节时大家都要送礼，而你却进了一些散装产品，那销售效果也会非常差。所以客户基础属性一定要跟所销售的产品和服务相匹配，也就是精准用户。

有什么方法会让你获取的客户比较精准呢？这里有给大家的建议：

一是将淘宝、软文、课程合理地配合、利用起来，这样会取得事半功倍的效果。现在很多淘宝、天猫店家通过微信社交来提升客户的黏性和复购转化率，而做微信营销的人则通过淘宝推广，把流量引流到自己的个人微信号上。

如果你想通过淘宝店把客户引流到个人微信号上，那么你首先要开一个自己的淘宝店。现在的淘宝店都卖什么呢？一种是卖虚拟产品，比如你想吸引的是想要减肥的人，那么你可以卖减肥的方法、减肥的食谱，搜索这些关键词并购买产品的人一定是非常精准的客户。又比如，你设置的关键词有免费开店、加盟、一件代发等，那么搜索这些关键词的人就是偏向于想要找货源或者做生意的人。如果做美妆护肤类的产品，关键词自然就是祛痘、美白、补水、保湿等。

二是通过软文来实现精准引流。我们还是以减肥为例子，很多关注减肥的人都会去百度、公众号搜索关于减肥的文章，如果你的标题或者文章里含有这些关键词，就可能会被检索到。对你的文章感兴趣的人就会关注你的公众号，甚至添加你的联系方式。

三是通过微信公众号来实现精准引流。虽然现在的微信公众号已经不像以前那么容易吸引粉丝了，但因为微信本身就有10亿用户，对于用微信做销售的人而言，也未必每个人都有10万粉丝、100万粉丝。只要粉丝够精准，1000个粉丝甚至100个粉丝就可以变现。这也就是"1000铁杆粉丝"理论，即只要有1000个铁杆粉丝，你就能够过得很滋润。完成1000个用户累积后，你就可以开始通过微信群做深度的关系提升，将粉丝发展成高质量的用户，由此引出下一个步骤。

如果你刚开始接触朋友圈营销，微信好友不多，累积前1000名精准用户时，你可能会觉得很累很辛苦。但一旦积累成功，他们会马上帮你产生收益，同时会为你裂变出很多新的用户。关键是，通过前期跑通了精准用户的引流，后面你就可以快速把规模做起来。用户获取成本会越来越低，甚至很多都是免费的。

鱼塘营销

除了自己的微信群"鱼塘"，你还可以通过别人的"鱼塘"来寻找精准的用户。这里的"鱼"指的是我们的客户。自己的鱼塘就不多说了，我们来着重讲一下如何通过别人的鱼塘找到精准的用户。

获得精准用户的捷径就是进入付费社群。这些微信群都是群主辛辛苦苦通过各种推广和输出价值吸引来的。群主已经把人筛选了一遍并且把人都维护好了，你只要直接付点费用就能进去获取精准用户了，这是非常划算的。

因为很多人进入免费社群都是为了打广告，而付费社群的用户质量则比较好，而且都具有付费意识，舍得花钱。你进群以后，把自己做业务的成功经验和故事都分享给大家，他们就很容易被你圈粉，对你产生好印象，进而吸引这些人来主动加你。如果没有人加你该怎么办呢？你们都在同一个付费社群，加对方好友时，你只要说你是群里的，他一般都会通过验证。但还是在群里聊过再加对方比较好，500人左右的群半个月就可以加完了。

通过口碑裂变，让粉丝为你说话

首先，可以让熟人帮忙推荐。这种推荐方法是自带信任背书的，一般加你的人都会比较信任你，大大减少了你的沟通成本，而且他们很容易发展成为你的铁杆粉丝。

其次，通过客户口碑的推荐方式。客户推荐你，要么是你给了他红包，让他帮忙推广；要么是你说发朋友圈可以获得返现或者优惠，或者因为你的产品真的好，让客户变成了更好的自己，所以他发朋友圈炫耀。

事实上，客户口碑传播都是可以设计的，我们可以参考淘宝卖家。一般情况下，淘宝卖家会说，你帮我做一个好评，或者帮我发一个朋友圈，我就返现5块钱或者10块钱。这样就可以通过客户的好评或者朋友圈的转发，带来精准客户。或者说只要推荐朋友来购买，你就可以优惠多少钱、打多少折，或者免费参与什么样的活动。大部分人都有贪小便宜的心理，只要利用好这样的心理，口碑传播都是可以设计的。

例如，我的第一个朋友圈营销课程也是通过口碑传播起来的，我设计的口碑传播是这样的："如何在学习课程的同时赚到学费呢？只要点击右上角把课程分享给你的朋友，你就可以赚回学费了，有学员已经赚回了N倍学费啦！"我提供了一个海报和一段话供他们转发的时候用，如果需要费很多时间和精力来做这件事情，那么他们就不会做了。而如果你已经把海报和文案都帮他们做好了，只需动动手指就可以赚点零花钱，他们为什么不做呢？

以上几种方法可以让你找到精准人际关系资源，赶快试试吧！

掌握刷屏背后的"营销心理"

看朋友圈时，我们经常会被某些热点刷屏，一边惊叹"哎呀，又被刷屏了，他们好厉害啊"，一边又好奇他们是怎么做到的。其实，朋友圈刷屏就是抓住了人们的营销心理。

一般来说，刷屏分为爆款文章刷屏、海报刷屏、链接刷屏、产品刷屏、仪式感刷屏和截图刷屏等。内容不同，刷屏的原因也不同，具体如下。

爆款文章刷屏

这种刷屏方式需要满足几个条件：有共鸣、有争议、有意思、有情绪、有热点。其中蹭热点的文章更容易刷屏，能带动读者情绪、引发读者共鸣。比如著名的"江歌案"，很多文章紧追热点，引发了读者的愤怒情绪和关于友情、亲情的思考，一些知名媒体发表文章不到半小时就累计超过几千万的阅读量。又比如"滴滴打车女子被害"一事激发了大家的愤怒情绪，当时很多追热点的自媒体的文章阅读量轻松达到了10万+。

一些知名自媒体人总结出了一套写爆款文章的理论，并屡试不爽。他们说刷屏文章是有公式的，即三大感情、五大情绪。三大感情指的是亲情、友情、爱情，五大情绪指的是暖心、愧疚、愤怒、怀旧、孤独。

很多影视剧都有这些特点。电影《后来的我们》就融入了上面的三大感情：有男主角与爸爸的亲情，男主角与女主角的爱情，最后他们的感情变成了友情。最终，它激发了观众的几种情绪，比如初恋的甜蜜暖心，分手之后的愧疚和怀旧，独自一人的孤独。

海报刷屏

最近几年，经常有各种海报在朋友圈中刷屏，刷屏的原因是它击中了人们贪小便宜的心理。

海报策划活动一般分为任务型和利益型。

　　任务型的免费活动，你可以免费或者以非常便宜的价格参加海报中的活动，但是你需要将海报分享到朋友圈或者微信群。比如只要有9个朋友帮你扫码解锁海报，你就可以花9.9元获得一个价值99元的蛋糕，在这种超级利益的诱惑下，很多人会将海报分享到朋友圈，也吸引了更多的朋友参与这个活动。又比如马上要开学了，我家孩子的幼儿园对面的画画中心开始联合孩子妈妈一起做团购活动，只要达到6个人，妈妈们就能只花165元，享受原价2988元的16节美术课。妈妈们当即在各种家长群吆喝大家一起来团购，最后那个画画中心一下子收了几百个学生。

　　利益型的分销活动，常见的有课程分销、淘宝客的产品分销。只要你将其分享到自己的朋友圈，有人购买了产品，你就可以获得分销收益。分销达人通过发分销海报和二维码到朋友圈，有时一天就能赚1万多元。

链接刷屏

　　常见的链接刷屏主要有投票和点赞。有个朋友想做一个儿童的智能手表活动，于是他策划了一个投票活动，让大家选出最可爱的宝宝，活动的奖品也非常好。于是很多宝妈在朋友圈、微信群卖力地为自己的宝宝拉票，进而刷屏了妈妈圈的各种微信群。

除了给孩子投票，朋友圈的投票活动，还包括为父母投票、为同事投票等。所以，如果你想要做一个刷屏的投票活动，你要先想清楚自己究竟想针对哪一类人群。只有想清楚投票活动的定位，才能吸引到精准人群。

另外，点赞也是同样的道理。集齐多少个赞，就可以获得某些优惠或者某种奖品，以此推进朋友圈刷屏。

产品刷屏

产品刷屏指的是产品的发布会或者产品的照片在朋友圈、微信群内疯狂传播，比如苹果手机、锤子手机、小米手机都曾经在我们的朋友圈刷过屏。

我们如果想要让产品刷屏，要么足够有优势，要么噱头够足。比如我们要举办一场隆重的产品发布会，邀请多家媒体进行采访报道就很不错。蓝港在线的CEO王峰就曾在朋友圈发布自家的土曼T-watch智能手表产品，最后预售订单总额达到了933万，也刷屏了朋友圈。

王峰吐槽了三星的智能手表以后，在朋友圈晒出了自家土曼智能手表的设计图。当时智能手表刚刚出现，土曼手表的设计非常时尚，受到了大家的关注。他发现有很多人询问这款智能手表，于是他决定在朋友圈以超低价499元进行预售。结果原定价999元的土曼智能手表被一扫而空。

他是怎么做到的呢？很简单，通过10条朋友圈刷屏。

第一条，吐槽三星智能手表，当时只有苹果的iWatch和三星的智能手表上线，但大家都觉得三星的智能手表比较丑。

第二条，展现T-watch的设计图。他通过朋友圈将自己的设计理念"世界上最薄的智能手表"展现在朋友圈中。

第三条，看准时机，开启预售，土曼T-watch的封测价是499元，仅限微信朋友圈购买，并且仅限当天，此举使用了电商营销手段中的限时限价。

第四条，在朋友圈求朋友帮忙扩散，而此条朋友圈扩散的威力超乎了他们的想象，两个小时就预售了5000多单。

第五条，增加预售渠道，增加PC端的购买链接。

第六条，增加预售量，并且招募人才。

第七条，告诉大家预售只剩下3个小时，制造饥饿营销和营造倒计时紧张感。

第八条，解释品牌愿景。

第九条，公布销售数量，震惊各界人士，制造权威和历史。

第十条，追加预售。

这10条朋友圈让他整整卖了18698只智能手表，销售额达933万。这就是朋友圈刷屏的力量。

这个案例已经比较久了，但我觉得它非常经典，因为它表现了朋友圈的力量。要相信，只要你的价格足够吸引人，产品外观设计足够新颖、符合趋势，能够让朋友圈的朋友觉得性价比够高，那么它就有很大的概率获得朋友圈好友的认可。此时再号召他们帮忙转发朋友圈，你的产品就能够在一定的范围内刷屏。

现在的知识课程产品，大部分都会在上线前号召朋友圈好友转发，同时这些好友可以分销课程产品，获得一定的收益。销量前三名的人还会再给一定的奖金，比如第一名10000元奖金，第二名8000元奖金，第三名3000元奖金，这能刺激有影响力的好友带队刷屏。

仪式感刷屏

仪式感刷屏指的是传统节假日刷屏，比如春节收红包，开工收开工红包，开学典礼，中秋节吃月饼，情人节收花等。

我在腾讯的时候，每到过完春节回来开工的那一天，马化腾和其他创始人都会亲自为排队的腾讯员工发开工红包，而员工们也将这个仪式发到朋友圈。之后各大媒体、自媒体都会将这件事写到公众号，又形成进一步的刷屏。

截图刷屏

截图刷屏的原因主要是"有图有真相"，常见于晒单、晒聊天记录、晒证书与颁奖典礼等。

为什么截图容易刷屏呢？因为手机自带截屏功能，截图以后可以直接分享到朋友圈或者微信群。同时，截图的"有图有真相"能够让朋友圈的好友对你产生信任感。比如你说很多人都夸你的产品好，那么客户的夸赞截图比你在朋友圈自卖自夸100句更有说服力。

其实刷屏也是有圈层的。什么叫圈层呢？比如北上广深的人吐槽买不起房，那么他们刷屏的圈层就是北上广深的人；

影响力变现：
你不必讨好所有人

如果有人刷屏说宝妈非常辛苦，那么她的圈层就是宝妈群体；讲90后的事情，就是90后的圈层；讲二次元的内容，就是二次元的圈层；房产经纪人发朋友圈，关注的就是有房产或者有购房需求的人群……圈层的人数越多，影响的人就越多。总之，情绪和感情的因子越多，刷屏的概率就越大。比如我们想写一篇能够刷屏的文章，就要检查文章里有没有能够激发他人转发的感情和情绪。

最后，我介绍一些我们在发朋友圈的时候可能会用到的工具。你想策划一个刷屏朋友圈的海报和投票活动，但你不会PS，也不知道用什么工具发起投票，我推荐给你一个小白都能做出"高大上"海报的工具——"创客贴"，"创客贴"上有很多精美的海报作品，比如邀请函、电商海报，上面的文字和图片都是可以更换的。如果你需要用到H5页面，可以使用"兔展"。如果你想要发起投票或者做活动，可以使用"互动吧""问卷星""金数据"等。

会"种草"才能"割草"

在朋友圈卖东西，如果我们想要客户下单，一定要给客户一个买单的理由，也就是制造需求。想制造需求，就要学会种草，而不是发广告。

种草就是分享心得，如做产品的对比、测评、自用心得，从而让客户心痒难耐、跃跃欲试。比如你在朋友圈说"一个夏天过去了，我反而白了"，但你就是不告诉别人自己为什么变白了。有需求、有痛点的人就会在朋友圈评论区问你原因，你用了什么，这样你就成功引发了他们的好奇心。这种朋友圈文案叫流量文案，流量文案是为了种草，但要注意的是，流量文案的语气要自然，不要夸大功效，要以第一人称撰写文案。

接下来我给大家介绍5种朋友圈种草文案撰写方法。

第一种种草文案撰写法：以分享的形式撰写文案，语气要非常自然。我们要学会以种草的形式给朋友圈的好友种草，让他们产生购买的需求与欲望。小红书上的博主很会种草，服装博主一般都是穿美美的衣服给你看，秀衣服、秀穿搭；美妆博主就是教你化妆，告诉你怎么化妆好看，怎么用工具，怎么用化妆品，哪个好用，但她不会给你推销产品，而是以写评测、分析化妆教程、分享心得的形式给你种草。通过价值吸引粉丝，就会引起粉丝的好奇心，自然就会问你怎么买，还不觉得你是在卖产品、卖广告。

第二种种草文案撰写法：准确表达产品或者品牌的优势，着重讲一两个功效，抓住部分人群就行。最后加上自己的感受，不要说谁都能用，不要说特别夸张的广告语。

第三种种草文案的撰写方法：和同类型的产品做对比，对比其优劣势。如果你能做个测评，那效果就更好了，你可以说A家的产品怎么样，B家的产品怎么样，优势、劣势是什么，适合什么样的人，比起某个大牌怎么样。比如某网红疯狂推荐的钻石面膜，她写的文案是这样的"我用了一周，眼尾纹就不见了，比SK-II的抗皱面膜好用，第二天还觉得皮肤滑滑嫩嫩"。这种种草文案的公式是：对比＋自己的使用感受。

第四种种草文案的撰写方法：把握不同的用户心理。因为年龄、收入都不一样，人的消费能力就会不一样。假如你的朋友圈都是大学生或者刚入职场的人，他们收入不高，你卖很贵的产品肯定是不行的。如果你的朋友圈都是有钱人或职场精英，你卖几十块的东西人家也看不上。所以你要根据朋友圈的人群撰写不同的文案，选择不同的产品组合。

另外年纪小的女孩喜欢时尚漂亮的衣服、美白祛痘的产品；高级白领或者熟龄女士喜欢能穿出气质和质感的衣服，喜欢抗皱保养的高端产品，而且她们也消费得起。如果你的产品明显适合某个年龄、某个人群，你开头的文案就可以写"熟龄的贵妇看过来，有痘痘肌的美女看过来。"精准抓住这部分有需求的人群的眼球即可。

第五种种草文案的撰写方法：形成个人独特的文案风格，比如搞笑的、专业的、爱分享的、幽默的、高冷的。就跟明星、歌手一样有自己的人设一样，产品的文案也要有自己的风格，通过突出自己的风格，将自己跟别的微商区别开来，这样别人才不会把你当成传统的微商，才不会觉得你格调低，而是觉得你就是一个有个性的朋友圈好友。

当朋友圈好友被你的产品吸引了，就该促进他买单了。这时你需要给他一些刺激，就是客户与权威见证。几乎每个人都有从众心理，如果他在朋友圈发现有很多人买你的东西，而且产品评价都非常好，并有大咖推荐、明星推荐，他一般也会想买来试试。你可以发大咖推荐的视频、评价截图，也可以发他们的使用图片。

我们要养成保存的习惯，要习惯性地将客户的聊天记录、评价反馈的记录、感谢你的聊天记录截图保存下来，这些都是非常有力的证据，因为真实的客户反馈是出自真心的，都是非常自然的。但是我们在将这些信息发到朋友圈的时候，要注意客户的隐私，记得把客户的名字和头像打上马赛克，这是对客户的尊重。

如果有人买东西给你发红包或者转账，你要记得晒单、晒成交记录，但是不要刷屏。收到一个转账就发一个朋友圈，会造成刷屏又惹人讨厌，让别人觉得你太俗气，最好是凑齐几个以后一起发，也会更加有力度。

如果你有客户微信群，可以晒微信群聊天。微信群的人数如果很多，对你更加有益，因为这会给别人一种"哇，这么多人买呀""哇，他这么多客户啊"的感觉。比如我有很多学员群，我截图发朋友圈，别人会觉得"哇，阿佳老师这么多学员"；比如我发训练营的截图，别人会惊讶，竟然有这么多人报阿佳老师的训练营；比如我发线下培训课程的现场照片，别人会觉得"哇，居然这么多人参加阿佳老师的线下课程"……

如果别人发现有很多人从你这买东西，有很多人跟你学习，他们会对你产生好奇心：你究竟有什么魔力，为什么这么多人从你这买东西，或者跟你学习？你可以说谁因为你的产品或者跟着你学习，从原本什么样变成了什么样，比如有学员以前3个月做10万的业绩，跟你学习以后2天就能做到30万；有学员从月薪2万变成了日薪2万……

同时，这些话必须要客户自己说出来，而不是光你说，客户可以通过在朋友圈里晒聊天记录或分享来替你宣传。比如你卖减肥产品，你自己减肥成功就是最好的案例。做出了自己的案例，你就要实实在在地帮助客户做出客户的案例，让他感谢你，并对产品做出好的评价，保留好评价或截图。你还可以专门写一篇文章，将你自己和所有客户的改变写成一篇文章，与陌生客户接触的时候，就可以把这篇文章直接发给他看。

朋友圈展现的都是非常碎片化的信息，你还需要将你的故事、客户的故事整理到公众号上。当客户问你问题的时候，你只要把公众号发给他，他就可以在里面看到你的故事、你的案例与客户的案例。就像淘宝卖家的文案一样，买家只要从头到尾把文案看一遍，就能够很自然地自助下单。朋友圈就跟淘宝卖家的详情页一样，当一个人看了你的朋友圈，被打动了以后他就想买。如果你的朋友圈缺少这两个动作，就很难让客户购买你的产品。

综上，我们如果想要让客户购买我们的产品，种草和拔草的动作要做得连贯。种草的方法有五种，第一种：以分享的形式撰写文案，语气要非常自然；第二种：准确表达产品或品牌的优势；第三种：和同类型的产品做对比，说明优劣势，如果能写个测评是最好的；第四种：把握不同用户的心理，根据不同的用户写出不同的文案；第五种：形成个人风格的文案，比如搞笑、幽默，等等。

让客户拔草的方法：晒客户的聊天记录，比如评价；晒客户转账或发红包的成交记录；晒发快递、打包装的照片；如果你的产品是手工制作的，最好能够晒一下制作过程的小视频或者照片。晒自己和客户的案例。客户使用产品的前后对比，客户感谢你的话，等等。

如果实在不会写，建议到小红书、微博、微信公众号看下相关领域知名的博主或者是意见领袖，看他们都是怎么给粉丝种草的。

让朋友圈"批发式成交"

很多人之所以建立微信群，都是希望可以通过微信群赚钱，或者通过微信群实现批发式成交。如果你想要通过微信群批发式成交，你要学会7件事。

第一，设计一个吸引人的福利活动。如何设计一个吸引人的福利活动呢？你要先想清楚想吸引什么样的人群，这个人群喜欢什么样的活动，你策划的这个活动能不能吸引他们，精准的用户是保证成交率的第一核心要素。如果确定这个活动可以吸引精准的用户，那么你就可以从活动的包装、海报的设计、文案的撰写、活动标题的设计等着手了，注意，设计一定要非常吸引人。

比如我的一个学员说要做一个活动，叫作"抖音教父教你玩抖音"。我说，你要把标题加上数字，告诉大家结果才更吸引人，我帮他将标题改成了"1个月从0到千万粉丝，杜子建是怎么做到的"，瞬间让活动的吸引力增加了百倍。

活动的包装是要告诉大家抖音的趋势、红利和机会，海报设计要突出讲师的权威性，他的照片要符合活动的定位，标题要突出主题和要传达给观众的关键要素。文案要激发大家学习和参与这个活动的需求和欲望，告诉读者更多的成功案例，告诉读者抖音的趋势、红利、机会，它简单、门槛低、收获大，你不来就会错过1个亿。

当你吸引了精准用户以后，你告诉他们这个福利活动需要转发朋友圈或者微信群才可以参加，那么他们转发之后，也会帮你吸引精准用户参与到活动中来。有了精准用户，做微信群批发式成交就会事半功倍。

第二，在微信群进行批发式演讲。批发式演讲对讲师的要求比较高，比如演讲的内容、声音语调、案例是否能够激发大家听下去的欲望；内容有没有干货，能不能引起大家的兴趣和共鸣；有没有及时和大家互动，引导大家认真跟随讲师的思路；讲师的内容能不能说服参与者。

在策划微信群批发式演讲时，除了讲师，我们还要安排好策划、群管理员、主持人。讲师负责调研清楚参与活动的都是什么样的人？他们都想听什么样的内容，获得什么样的收获？针对他们想听的内容，讲更多的干货来调动起他们的兴趣。策划负责整个微信群活动的引流和运营。主持人主持活动的开场、介绍讲师，他会让整个社群的仪式非常正式，能够提升微信群的氛围和仪式感。群管理员主要负责维持群的秩序，把违纪、打广告的人踢出去，群管理员可以设置多个，由群主来设置。群管理员要时不时地盯着群，看有没有人发广告，有没有人在讨论与社群氛围不相符、不相干的话题。

如果你不知道批发式的演讲稿应该怎么写，你可以试着这样做：

1.写出产品的10个卖点，告诉他们非买不可的理由；

2.写出产品对用户的10个好处；

3.写出产品的3~5个成功案例；

4.写出10个用户不用该产品会有的损失。

比如抖音的课程卖点就是：现在已经是短视频时代了；公众号打开率已经越来越低；抖音的用户量已经高达10个亿；你可以通过抖音快速吸引粉丝，成为网红；有人通过抖音一天实现几十万的销售额；有人通过抖音，3个月从普通人成为网红，月入10万。如果你不学习抖音，你就会错过抖音的红利，错过一个快速变现的渠道。

第三，设计一个让人无法拒绝的成交方案。假设你的演讲非常成功，有50%的人感兴趣，那么你就要设计一个让人无法拒绝的成交方案。一个非常吸引人的介绍文案，能引导用户发现自己的需求，并对产品的价值产生认可。一篇好的销售文案，能够让客户在还没看完的时候就产生极大的兴趣，想要买单。你可以采用限时限量特价、秒杀、尊贵资格、超值赠品等优惠方式，让别人无法产生犹豫的情绪。针对犹豫的人，要营造成交气氛，可以发布倒计时海报和紧迫性的文案，并将收款码放在朋友圈里，让人产生一种稀缺感，仿佛不买就没了。

现代人的时间都非常碎片化，现在也是视觉化竖屏读图的时代。如果用户没有时间去看长文，没有时间去听语音，设计一张有吸引力的宣传海报、倒计时海报，能够吸引住客户的眼球。通过海报，我们可以将核心文字信息突出展现出来。用户不需要打开图片，一眼扫过就能看到重要信息，进而引起他们的兴趣，让他们再去细细接收你的语音或文字分享。

第四，要用好微信二维码收款工具。做微信群成交时，微信二维码成交比你在其他平台的成交率和便捷度要高很多。我做过测试，将微课的付款链接发在群里时，没有什么人会购买。但是发微信收款二维码，付款的人就非常多。

为什么会这样呢？因为很多人看到微信收款二维码，会条件反射地直接输入密码付款；而如果发链接，很多人就懒得打开，或者在打开链接以后被里面的其他东西所吸引。而微信收款二维码缩短了这个过程。

第五，客户见证和足够多的吸引人的案例。说得再多也是空话，但如果你有足够多的案例和足够多的客户见证，他们就会觉得别人可以，我也可以。足够多的客户感谢截图、感谢的视频，客户试用前后的对比图、大量的付款截图会给人以信心，促进成交。

第六，塑造价值。比如和对方说明，加入一个付费群，不仅仅是学习，他还能链接非常多的人，举例说明他有可能链接到谁，如有几十万、几百万粉丝的"大V"。圈子决定票子，付费社群筛选出了高端的人际关系资源，在这个群里面，你还可以获得非常多的优秀人才的思维，也许某个人的一句话就能够帮助你、激发你。

第七，超级赠品。赠品是促进用户购买的一个非常关键的因素，赠品能让人觉得非常超值，觉得用买一样东西的钱买到了很多东西。比如你去化妆品专柜买了一个正装，柜员送了你好几个小样，你就会觉得非常划算。比如你去买一件衣服或者其他东西，不打折，但是柜员送你个小东西，你就会觉得"哇，太棒了"。

有很多淘宝卖家卖东西是买一赠五，实际上羊毛出在羊身上，但你就会觉得非常划算。还有很多课程，你买一个大课，对方送你很多小课，实际上这些小课都是已经录好的，没有额外的成本。但是你把这些小课送给别人，别人就会觉得很划算。

当然不是所有的赠品都可以，在选择赠品时，我们要注意以下几个原则：第一是赠品要跟你的产品相关，不是所有东西都可以拿来作为赠品；第二是你要赋予赠品价值，让用户觉得这个赠品非常超值；第三是赠品要限时限量，要高价值低成本，这样你才不会亏损。

想要做微信群批发式成交，我们一定要抓住用户的注意力，激发用户的兴趣，通过演讲建立彼此的信任感，刺激他的需求和欲望，最后催促他采取行动付款。